现场教学系列教材

有福之州 山水之城

——福州生态文明建设的生动实践现场教学

中共福州市委党校（福州市行政学院） 编

中共中央党校出版社

图书在版编目（CIP）数据

有福之州　山水之城：福州生态文明建设的生动实践现场教学 / 中共福州市委党校（福州市行政学院）编. --北京：中共中央党校出版社，2023.2

ISBN 978-7-5035-7428-3

Ⅰ.①有…　Ⅱ.①中…　Ⅲ.①生态环境建设-研究-福州　Ⅳ.①X321.257.1

中国版本图书馆 CIP 数据核字（2022）第 193209 号

有福之州　山水之城——福州生态文明建设的生动实践现场教学

策划统筹　任丽娜

责任编辑　牛琴琴

责任印制　陈梦楠

责任校对　李素英

出版发行　中共中央党校出版社

地　　址　北京市海淀区长春桥路 6 号

电　　话　（010）68922815（总编室）　　（010）68922233（发行部）

传　　真　（010）68922814

经　　销　全国新华书店

印　　刷　北京中科印刷有限公司

开　　本　710 毫米×1000 毫米　1/16

字　　数　157 千字

印　　张　13.75

版　　次　2023 年 2 月第 1 版　　2023 年 2 月第 1 次印刷

定　　价　48.00 元

微 信 ID：中共中央党校出版社　　**邮　　箱**：zydxcbs2018@163.com

本书编委会

总　序

福州是习近平新时代中国特色社会主义思想的重要孕育地和先行实践地。习近平同志在福建工作生活17年半，曾亲自领导福州现代化建设6年，作出了一系列极具前瞻性、开创性、战略性的理念创新和实践探索。

近年来，福州深入学习贯彻落实习近平新时代中国特色社会主义思想，把握“3820”战略工程思想精髓，加快建设现代化国际城市，培育打造了一批习近平新时代中国特色社会主义思想学习教育实践基地，旨在深入挖掘习近平同志在福建、福州工作期间留下的宝贵财富，全面展示在习近平新时代中国特色社会主义思想指引下福州取得的重大发展成就，努力使这批学习教育实践基地成为全国广大党员干部学习研究习近平新时代中国特色社会主义思想的重要平台、各级党校（行政学院）现场教学基地、人民群众红色游览的“打卡点”，为将福州打造成为践行习近平新时代中国特色社会主义思想的示范城市打下坚实基础。

中共福州市委党校（福州市行政学院）是习近平同志兼任过校长的唯一一所地方党校。近年来，中共福州市委党校（福州市行政学院）坚持传承红色基因，积极发挥独特政治优势，紧紧围绕福州市委的部署，着力打造习近平新时代中国特色社会主义思想一流研修基地，开发各类现场教学点53个，全方位、多角度地展示福州深入贯彻落实习近平新时代中国特色社会主义思想的生动实践和突出成效，已有5个现场教学视频被中共福建省委党校（福建行政学院）评为精品视频并推荐至中国干部网络学院。

在当前全面学习、全面把握、全面落实党的二十大精神背景下，中共福州市委党校（福州市行政学院）组织教研人员编写《有福之州　山水之城——福州生态文明建设的生动实践现场教学》《保存文脉　守护根魂——福州历史文化名城现场教学》《践行为民初心　厚植人民情怀——以人民为中心思想的福州实践现场教学》《“数字”耀福州　赋能新发展——数字中国建设福州实践现场教学》等4本现场教学系列教材，是对前期开展现场教学工作的再总结和再提升，为今后进一步指导开发学习教育实践基地现场教学、推进全市党校（行政学院）系统教材建设和教学改革作出了示范性探索。同时，我们也期待本系列教材的出版能让更多的学员和读者了解福州、感知福州、热爱福州，更加深入地理解和把握福州作为习近平新时代中国特色社会主义思想重要孕育地和先行实践地的独特优势，从而更加自觉坚定地学好、用好习近平新时代中国特色社会主义思想，牢记初心使命、崇尚担当实干，以更加昂扬的姿态奋力谱写全面建设社会主义现代化国家福建篇章！

中共福州市委党校（福州市行政学院）现场教学教材编写组

2023年1月于福州

目 录

第一章　福州生态文明建设的实践

第一节　背　景

一、思想来源

马克思恩格斯的生态文明思想为习近平生态文明思想的形成和发展提供了重要的理论来源。马克思和恩格斯作为马克思主义理论的创始人和奠基人，以人与自然的关系作为逻辑起点，以人类的实践活动作为贯穿的主线，在深刻剖析资本主义社会生态危机问题产生根源的基础上，运用唯物辩证法积极探索社会发展规律，提出以人与自然、人与人关系的“两大和解”作为破解生态危机的根本途径。中华文化源远流长，蕴含着尊重自然的朴素自然观，这些传统的生态智慧为习近平生态文明思想的形成奠定了哲学基础，提供了思想来源。在推进中国式现代化建设、实现中华民族伟大复兴的历史进程中，中国将加强生态文明建设、继续促进可持续发展。

二、内涵要义

1. 历史观：坚持生态兴则文明兴。

多年来，我们大力推进生态环境保护，取得了显著成绩。但是，从目前情况看，资源约束趋紧、环境污染严重、生态系统退化的形势依然十分严峻。2013 年以来，全国大范围长时间的雾霾污染天气，影响几亿人口，人民群众反映强烈。我们在生态环境方面欠账太多了，如果不从现在起就把这项工作紧紧抓起来，将来会付出更大的代价。[①] 习近平总书记高度重视生态环境保护，党的十八大以来多次就一些严重损害生态环境的事情作出批示，要求严肃查处。比如，他曾分别就陕西延安削山造城、浙江杭州千岛湖临湖地带违规搞建设、秦岭北麓西安境内违规圈地建别墅、新疆卡山自然保护区违规“瘦身”、腾格里沙漠污染、祁连山生态保护区生态环境被破坏、洞庭湖区下塞湖非法矮围等，同时就三江源生态环境保护、长江流域共抓大保护不搞大开发、黄河流域生态保护和高质量发展等作出部署。生态环境问题如果不抓紧、不紧抓，任凭问题不断产生，就难以从根本上扭转我国生态环境恶化的趋势，就是对中华民族和子孙后代不负责任。

2. 自然观：促进人与自然和谐共生。

建设人与自然和谐共生的现代化，是建设社会主义现代化国家的必然要求。习近平总书记指出：“我们要建设的现代化是人与自然和谐共生的现代化，既要创造更多物质财富和精神财富以满足人民日益增长的美好生活需要，也要提供更多优质生态产品以满足人民日益增长的优美生态环境需要。”[②] 这些重要论述深刻揭示了生态文明建设的实质——人与自然和谐共生的生产生活方式，精准锚定了生态文明建设的目标——人与自然和谐共生的新型现代化模式。习近平总书记在多个重要场合的讲话中强调要坚持人与自然和谐共生，要坚持人口经济与资源环境相均衡的原则。

---

① 参见《习近平关于社会主义生态文明建设论述摘编》，中央文献出版社 2017 年版，第 6—7 页。

② 《习近平谈治国理政》第 3 卷，外文出版社 2020 年版，第 39 页。

3. 发展观：坚持绿水青山就是金山银山。

有学者认为，习近平生态文明思想体现为以以人为本、人与自然和谐相处为核心的生态理念和以绿色为导向的生态发展观，包括绿色发展观、绿色政绩观、绿色生产方式、绿色生活方式等内涵。

在绿色发展观方面，首先指的是生态环境就是生产力。2005 年 8 月 15 日，时任浙江省委书记的习近平同志在安吉县天荒坪镇余村考察时首次提出“绿水青山就是金山银山”的重要理念。调研余村 9 天之后，习近平同志以笔名“哲欣”在《浙江日报》头版“之江新语”栏目中发表《绿水青山也是金山银山》的评论文章，贴切地将人们对“两座山”的认识分为三个阶段：第一个阶段是盲目地舍弃绿水青山，追求金山银山；第二个阶段是两者兼顾；第三个阶段上升到了理性阶段，认识到绿水青山本身即是金山银山。① 其次指的是推进创新驱动发展。习近平总书记 2021 年 4 月在中共十九届中央政治局第二十九次集体学习时指出，“要解决好推进绿色低碳发展的科技支撑不足问题，加强碳捕集利用和封存技术、零碳工业流程再造技术等科技攻关，支持绿色低碳技术创新成果转化”。② 最后指的是追求绿色经济质量效益。2016 年 9 月，习近平主席在浙江杭州举行的二十国集团工商峰会开幕式上发表题为《中国发展新起点，全球增长新蓝图》的主旨演讲时指出：“在新的起点上，我们将坚定不移推动绿色发展，谋求更佳质量效益。”③

---

① 参见丁桂馨：《“绿水青山就是金山银山”的生态发展观——新时代生态文明建设理论与实践研究》，湘潭大学出版社 2020 年版，第 11 页。

② 《习近平谈治国理政》第 4 卷，外文出版社 2022 年版，第 363 页。

③ 习近平：《论把握新发展阶段、贯彻新发展理念、构建新发展格局》，中央文献出版社 2021 年版，第 126 页。

在绿色政绩观方面，中共中央办公厅、国务院办公厅印发的《党政领导干部生态环境损害责任追究办法（试行）》（以下简称《办法》），从顶层设计角度让“唯GDP论”无处遁形，让“绿色政绩观”落地生根。《办法》从生态建设的政治责任高度高瞻远瞩，着重完善与加强顶层设计和具体制度规定，从权与责相统一、约束与激励并举的角度，将绿色政绩观作为考察领导干部的“紧箍咒”与“照妖镜”的约束功能与震慑作用逐步形塑起来，明确了将生态文明建设作为各级领导干部集中精力、奋力担当的政治责任。[①]

在绿色生产方式方面，绿色生产方式是习近平同志提出的浙江走新型工业化道路，促进经济转型升级的可持续发展纲领，有绿色产业、绿色制造、循环经济、清洁能源、低碳经济等具体措施。[②] 加快推动生产方式绿色化，既要将生态环境优势转化为生态农业、生态工业、生态旅游等生态经济的优势，把农村丰富的生态资源转化为农民致富的绿色产业，又要构筑资源节约型、生态环保型的产业发展新优势，从绿色发展中形成经济社会发展新的增长点，建立健全绿色生产的经济体系，同时还要加快建立绿色生产的法律制度和政策导向。

在绿色生活方式方面，习近平总书记倡导“取之有度，用之有节”的绿色、低碳、循环、可持续的生产生活方式和文明健康的生活风尚，拒绝奢华和浪费。生态环境问题归根到底是发展方式和生活方式问题，推动形成绿色发展方式和生活方式是贯彻新发展理念的必然要求。

---

① 参见申森：《习近平生态文明思想对共产党执政规律的认识升华及世界意义》，《当代世界与社会主义》2020年第3期。

② 参见乔清举：《心系国运　绿色奠基——学习习近平总书记的生态文明思想》，《学习时报》2016年7月28日。

4. 民生观：坚持良好的生态环境是最普惠的民生福祉。

习近平总书记强调，“全党同志都要清醒认识保护生态环境、治理环境污染的紧迫性和艰巨性，清醒认识加强生态文明建设的重要性和必要性，真正下决心把环境污染治理好、把生态环境建设好，为人民创造良好生产生活环境”①，“切实把生态文明的理念、原则、目标融入经济社会发展各方面，贯彻落实到各级各类规划和各项工作中”②，做到生态惠民、生态利民、生态为民。对于生态环境建设要做什么、怎么做，习近平总书记提出要着力解决关系民生的生态环境问题，“以解决损害群众健康突出环境问题为重点，坚持预防为主、综合治理，强化水、大气、土壤等污染防治，着力推进重点流域和区域水污染防治，着力推进重点行业和重点区域大气污染治理，着力推进颗粒物污染防治，着力推进重金属污染和土壤污染综合治理，集中力量优先解决好细颗粒物（PM2.5）、饮用水、土壤、重金属、化学品等损害群众健康的突出环境问题”③，不断满足人民日益增长的优美生态环境需要。

5. 系统观：坚持山水林田湖草是生命共同体。

2014 年 3 月，习近平总书记在中央财经领导小组第五次会议上的讲话中指出，“坚持山水林田湖是一个生命共同体的系统思想。这是党的十八届三中全会确定的一个重要观点。生态是统一的自然系统，是各种自然要素相互依存而实现循环的自然链条，水只是其中的一个要素。自然界的淡水总量是大体稳定的，但是一个国家或区域可用水资源有多

① 《习近平关于社会主义生态文明建设论述摘编》，中央文献出版社 2017 年版，第 7 页。
② 《习近平关于社会主义生态文明建设论述摘编》，中央文献出版社 2017 年版，第 10 页。
③ 《习近平关于社会主义生态文明建设论述摘编》，中央文献出版社 2017 年版，第 84 页。

少，既取决于降水多寡，也取决于盛水的‘盆’大小”[1]。要统筹山水林田湖治理。在经济社会发展方面提出了“五个统筹”，治水也要统筹自然生态的各要素，不能就水论水。要用系统论的思想方法看问题，生态系统是一个有机生命体，应该统筹治水和治山、治水和治林、治水和治田、治山和治林等。2017 年 7 月，中央全面深化改革领导小组第三十七次会议审议通过的《建立国家公园体制总体方案》，将“草”纳入山水林田湖生命共同体之中，突出草在生态系统中的基础地位，拓宽了“山水林田湖生命共同体”的内涵与外延。“坚持节约资源和保护环境的基本国策，像对待生命一样对待生态环境，统筹山水林田湖草系统治理，实行最严格的生态环境保护制度，形成绿色发展方式和生活方式，坚定走生产发展、生活富裕、生态良好的文明发展道路，建设美丽中国，为人民创造良好生产生活环境，为全球生态安全作出贡献。”[2] 2018 年 5 月，习近平总书记在全国生态环境保护大会上再次强调，必须坚持“山水林田湖草是生命共同体”的原则，要统筹兼顾、整体施策、多措并举，全方位、全地域、全过程开展生态文明建设。[3]

6. 法治观：坚持最严格制度最严密法治保护生态环境。

习近平总书记明确指出要建立责任追究制度，对那些不顾生态环境盲目决策、造成严重后果的人，必须追究其责任，而且应该终身追究。[4] 2015 年 9 月，我国公布生态文明领域改革的顶层设计——《生

---

① 《习近平关于社会主义生态文明建设论述摘编》，中央文献出版社 2017 年版，第 55 页。

② 《十九大以来重要文献选编》（上），中央文献出版社 2019 年版，第 17 页。

③ 参见习近平：《坚决打好污染防治攻坚战　推动生态文明建设迈上新台阶》，《人民日报》2018 年 5 月 20 日。

④ 参见《习近平谈生态文明 10 大金句》，央广网 2018 年 5 月 25 日。

态文明体制改革总体方案》。生态文明体制改革的目标被锁定在这八项制度上——自然资源资产产权制度、国土空间开发保护制度、空间规划体系、资源总量管理和全面节约制度、资源有偿使用和生态补偿制度、环境治理体系、环境治理和生态保护市场体系、生态文明绩效评价考核和责任追究制度。同时，修订了《环保法》，对污染企业实施按日计罚，上不封顶。有了令企业闻风丧胆的环保督察制度，这场自上而下的环保行动迅速开展。党的十八大以来，我国生态文明建设发生了全局性、根本性和转折性的变化，最为根本的是实施了最严格制度、最严密法治保护生态环境。

7. 共治观：坚持建设美丽中国全民行动。

党的十八大以来，习近平总书记对建设美丽中国、开展全民行动作了诸多重要论述。在“绿色共识”方面，习近平总书记强调“生态文明是人民群众共同参与共同建设共同享有的事业，要把建设美丽中国转化为全体人民自觉行动。每个人都是生态环境的保护者、建设者、受益者，没有哪个人是旁观者、局外人、批评家，谁也不能只说不做、置身事外。要增强全民节约意识、环保意识、生态意识，培育生态道德和行为准则，开展全民绿色行动，动员全社会都以实际行动减少能源资源消耗和污染排放，为生态环境保护作出贡献”。[①] 首先，号召全民植树，绿化中国。习近平总书记要求“加强宣传教育、创新活动形式，引导广大人民群众积极参加义务植树，不断提高义务植树尽责率，依法严格保护森林，增强义务植树效果，把义务植树深入持久开展下去，为全面建

① 《十九大以来重要文献选编》（上），中央文献出版社 2019 年版，第 451—452 页。

成小康社会、实现中华民族伟大复兴的中国梦不断创造更好的生态条件”。[①] 在 2019 年至 2021 年，习近平总书记连续三年在首都义务植树活动的讲话中强调了“全国动员、全民动手、全社会参与”这一共治理念，鲜明地指出美丽中国建设离不开每一个人的努力。要求“强化宣传教育，进一步激发全社会参与义务植树的积极性和主动性”。[②] 其次，倡导推广绿色消费，形成良好风尚。习近平总书记认为“要坚持节约资源和保护环境的基本国策，像保护眼睛一样保护生态环境，像对待生命一样对待生态环境，推动形成绿色发展方式和生活方式，协同推进人民富裕、国家强盛、中国美丽”。[③] 并更进一步指出：“要强化公民环境意识，倡导勤俭节约、绿色低碳消费，推广节能、节水用品和绿色环保家具、建材等，推广绿色低碳出行，鼓励引导消费者购买节能环保再生产品，推动形成节约适度、绿色低碳、文明健康的生活方式和消费模式。要加强生态文明宣传教育，把珍惜生态、保护资源、爱护环境等内容纳入国民教育和培训体系，纳入群众性精神文明创建活动，在全社会牢固树立生态文明理念，形成全社会共同参与的良好风尚。”[④]

在治理主体协同方面，习近平总书记首先要求强化主体责任，指出要“提高污染排放标准，强化排污者责任，健全环保信用评价、信息强制性披露、严惩重罚等制度。构建政府为主导、企业为主体、社会组织和公众共同参与的环境治理体系。积极参与全球环境治理，落实减排承

① 《发扬爱树植树护树好传统　跟着总书记去植树》，中国网 2019 年 4 月 10 日。
② 《十年植树，总书记的真挚情怀》，求是网 2022 年 4 月 2 日。
③ 《习近平关于社会主义生态文明建设论述摘编》，中央文献出版社 2017 年版，第 12 页。
④ 《十八大以来重要文献选编》（下），中央文献出版社 2018 年版，第 766 页。

诺”[①]。“要落实政府主体责任，强化企业责任，按照谁污染、谁治理的原则，把生态环境破坏的外部成本内部化，激励和倒逼企业自发推动转型升级。”[②] 其次，习近平总书记强调多策并举、多地联动，指出要“提高生态环境领域国家治理体系和治理能力现代化水平。要健全党委领导、政府主导、企业主体、社会组织和公众共同参与的现代环境治理体系，构建一体谋划、一体部署、一体推进、一体考核的制度机制”[③]。在福建考察时更进一步指出“要大力保护生态环境，实现跨越发展和生态环境协同共进”。[④] 最终构建一个“政府企业公众共治的绿色行动体系”“全方位、全地域、全过程开展生态环境保护建设”。[⑤] 习近平总书记指出，建设美丽中国“一代人有一代人的使命。建设生态文明，功在当代，利在千秋。让我们从自己、从现在做起，把接力棒一棒一棒传下去”，[⑥] 只要锲而不舍地“广泛开展国土绿化行动，每人植几棵，每年植几片，年年岁岁，日积月累，祖国大地绿色就会不断多起来，山川面貌就会不断美起来，人民生活质量就会不断高起来”。[⑦]

8. 共赢观：坚持共谋全球生态文明建设。

生态环境问题是全球性问题，习近平总书记强调，“建设生态文明关乎人类未来。国际社会应该携手同行，共谋全球生态文明建设之路，牢固树立尊重自然、顺应自然、保护自然的意识，坚持走绿色、低碳、

---

① 《十九大以来重要文献选编》(上)，中央文献出版社 2019 年版，第 36 页。
② 习近平：《在深入推动长江经济带发展座谈会上的讲话》，人民出版社 2018 年版，第 24 页。
③ 《习近平谈治国理政》第 4 卷，外文出版社 2022 年版，第 366 页。
④ 《习近平关于社会主义生态文明建设论述摘编》，中央文献出版社 2017 年版，第 24 页。
⑤ 《习近平关于社会主义生态文明建设论述摘编》，中央文献出版社 2017 年版，第 41 页。
⑥ 《习近平：共谋绿色生活，共建美丽家园》，《人民日报》2019 年 4 月 29 日。
⑦ 《使中华民族世世代代都健康》，中国教育新闻网 2021 年 4 月 3 日。

循环、可持续发展之路”[①]，要“以人与自然和谐相处为目标，实现世界的可持续发展和人的全面发展”[②]。习近平总书记提出，“保护生态环境，应对气候变化，维护能源资源安全，是全球面临的共同挑战”[③]，“建设生态文明关乎人类未来。国际社会应该携手同行，共谋全球生态文明建设之路，牢固树立尊重自然、顺应自然、保护自然的意识，坚持走绿色、低碳、循环、可持续发展之路”[④]，“我们要坚持同舟共济、权责共担，携手应对气候变化、能源资源安全、网络安全、重大自然灾害等日益增多的全球性问题，共同呵护人类赖以生存的地球家园”[⑤]。共谋全球生态文明建设、建设清洁美丽世界，是构建“人类命运共同体”的重要内容与目标，同时，构建“人类命运共同体”为推进全球环境治理、维护全球生态安全指明了方向与路径。他曾在不同场合做出庄严承诺，“中国愿意继续承担同自身国情、发展阶段、实际能力相符的国际责任”[⑥]，未来，中国将着力推进国土绿化、建设美丽中国，通过“‘一带一路’建设等多边合作机制，互助合作开展造林绿化，共同改善环境，积极应对气候变化等全球性生态挑战，为维护全球生态安全作出应有贡献”[⑦]，“继续承担应尽的国际义务，同世界各国深入开展生态文明领域的交流合作，推动成果分享，携手共建生态良好的地球美好家园”[⑧]。

---

① 《十八大以来重要文献选编》(中)，中央文献出版社 2016 年版，第 697—698 页。
② 《十八大以来重要文献选编》(中)，中央文献出版社 2016 年版，第 697 页。
③ 《新时代推进生态文明建设的重要原则》，中国共产党新闻网 2019 年 2 月 1 日。
④ 《习近平关于社会主义生态文明建设论述摘编》，中央文献出版社 2017 年版，第 131 页。
⑤ 《习近平关于社会主义生态文明建设论述摘编》，中央文献出版社 2017 年版，第 128 页。
⑥ 《习近平关于社会主义生态文明建设论述摘编》，中央文献出版社 2017 年版，第 130 页。
⑦ 《习近平关于社会主义生态文明建设论述摘编》，中央文献出版社 2017 年版，第 138 页。
⑧ 《习近平关于社会主义生态文明建设论述摘编》，中央文献出版社 2017 年版，第 127 页。

第二节　整体规划

生态文明建设是一项系统工程，需要整体统筹，这既体现在总体战略、建设目标的制定上，也体现在与经济、社会、文化等方面的统筹发展上。一个现代化的文明城市，必须具备良好的生态环境；而要缓解和消除环境污染，改善和保护生态环境，除了要采取具体的工程措施以外，最有效并且最经济的方式就是大力造林绿化，种草种花，有力提升城市的绿化覆盖率，扩大绿化面积，发挥绿色植被净化空气、防风固沙、调节气候、涵养水源、阻隔噪音、降低污染等多方面的调控功能。[①] 必须要处理好植树绿化与城市建设、发展生产、精神文明建设的关系，将造林绿化事业摆在突出地位，扎扎实实、坚持不懈地抓紧、抓好。1992 年，福州专门成立课题组开展研究。课题组远赴外地学习，深入基层，广泛征求意见，制定了《福州市 20 年经济社会发展战略设想》(简称“3820”战略工程)。福州立足长远，统筹规划了其 3 年、8 年和 20 年发展的蓝图。“3820”战略工程强调一定要做好经济发展过程中的环境保护工作，将经济效益、社会效益和环境效益统一起来，提出要切实做好城乡绿化、环境保护等工作，指出福州市的发展方向是发挥山、水、温泉自然特色，融众多文物古迹于一体，把福州建设成为具有

① 参见戴斯玮、林善炜：《习近平同志在福建工作期间关于生态文明建设的思考与实践》，《林业经济》2017 年第 39 期。

浓厚地方特色、整洁、美丽的城市。同时“3820”战略工程系统分析了当时福州城市大气、水、噪声等方面的环境状况，做出了具有针对性的城市环境预测，提出要把“福州市建设成为清洁、优美、舒适、安静、生态环境基本恢复到良性循环的沿海开放城市”[①] 的环境规划总目标，提出了“城市环境综合整治”和“城镇环境区划”对策。地处沿海开放地区的福州在加快对外开放与发展经济以及建设现代化国际城市的同时，也需要一个良好的生态环境作为基础支撑。从“3820”战略工程对城市环境现状作出的分析、预测、总体目标和对策中可以看出，城市生态环境保护是城市协调发展的重要保障。“3820”战略工程为福州的政治、经济以及文化建设指明了发展方向。

20 世纪 90 年代，福州市生态基础薄弱，绿色发展动力不足，森林覆盖率不到 20%，低于全省乃至全国的平均水平。福州“3820”战略工程强调在城市总体的发展方面要重点提高抗拒自然灾害能力，提高城市环境质量。在针对风沙危害与水土流失问题非常严重方面，福州“3820”战略工程强调发展林业是加强生态环境建设的基础，并组织实施沿海防护林体系建设和“三五七”造林绿化工程，大力开发沿江资源，发展林果生产，消灭宜林荒山，控制水土流失。1990—1995 年全市造林种果合格面积 13.62 万公顷，林地面积增加 8.8 万公顷，达 56.72 万公顷，沿海防护林 8.2 万公顷，森林覆盖率达 52.3%。同时，福州市沿海防护林体系建设卓有成效，长乐、福清、平潭 3 个县的沿海

---

① 习近平：《福州市 20 年经济社会发展战略设想》，福建美术出版社 1993 年版，第 146 页。

防汛基本林带建成，形成了一条自然生态屏障。[①] 多年来，福州市始终把握“3820”战略工程思想精髓，坚持以绿色发展厚植生态底色，加快建设山清水秀城美的现代化国际城市。牢固树立“山水林田湖草”是一个生命共同体的理念，系统谋划、统筹推进，积极探索美丽福州建设新模式。

第三节　实践总论[②]

多年来，福州干部群众遵循城市生态建设理念，自觉践行党中央关于生态文明建设和改革的决策部署，深入贯彻福建生态省战略和《福州生态市建设规划》，扎实推进国家生态文明建设示范市创建工作，坚持以绿色发展厚植生态底色，着力打造城市生态文明建设的福州样板，为美丽中国建设作出了应有贡献。

习近平同志在福州工作期间，高度重视生态环境保护工作。他亲自主持编制了“3820”战略工程，系统谋划了福州 3 年、8 年、20 年经济社会发展的目标、步骤、布局、重点等。积极组织推动闽江流域保护、内河治理、红庙岭垃圾处理厂建设等工作，加快对外开放和发展经济，建设现代化国际城市等等，这些极具前瞻性、开创性的理念创新和实践

① 参见戴斯玮、林善炜：《习近平同志在福建工作期间关于生态文明建设的思考与实践》，《林业经济》2017 年第 39 期。

② 资料来源：本节内容的数据资料和文字资料由福州市生态环境局提供。

探索为福州城市生态文明建设指明了坐标定位和努力方向，为当地人民留下了宝贵的思想财富、精神财富和实践成果。福州市历届市委、市政府牢固树立生态优先、绿色发展理念，坚持一张蓝图绘到底，一任接着一任干，接续组织编制《福州城市总体规划》《福州生态市建设规划》《生态福州总体规划》等文件，不断推进山水城市生态建设的实践创新和制度创新，为全国城市生态文明体制改革贡献了“福州智慧”，福州生态宜居城市建设始终保持在全国省会中心城市前列。

一、建设生态经济体系，推动绿色产业发展

将生态文明建设与城市经济结构转型升级有机结合，扎实推进产业生态化和生态产业化。

一是优化绿色空间布局。开展“多规合一”，推进“三线一单”生态环境分区管控体系建设，划分出253个环境管控单元，其中陆域137个、海域86个，并细分为优先保护单元、重点管控单元、一般管控区三类[①]；严格落实生态保护红线、环境质量底线，摸清全市工业污染源、农业污染源、生活污染源、集中式污染治理单位和移动源五类污染源信息，建立健全了污染源档案和污染源信息数据库，为加强全市污染源监管、改善环境质量、防控环境风险、服务环境与发展综合决策提供依据[②]，资源利用上线硬约束，形成生态环境准入清单，完成全市10982家固定污染源排污许可发证登记清零任务，确保全面实现排污许可证“应发尽

① 参见《关于实施“三线一单”生态分区管控的通知》，福州新闻网2021年8月17日。

② 参见《我市第二次全国污染源普查工作和档案管理工作情况通过省级验收》，《福州晚报》2020年4月28日。

发”、排污登记“应登尽登”[①]，给粗放发展念“紧箍咒”，为城市产业发展划定清晰的“生态方位图”。

二是创新生态产品价值实现路径。围绕做好做足“山水文章”、种好“摇钱树”，因地制宜探索“两山”转化通道，率先在全省推出具有“山—海—城”特色的生态系统价值核算“福州模式”，构建了涵盖森林、湿地、草地、农田、城市、海洋六大生态系统的生态系统价值核算指标体系。经过核算，2018年福州GEP和GEEP分别为11232.12亿元和14550.77亿元，相比2015年分别增长了14.11%和19.4%。2018年福州市环境退化成本、生态破坏成本分别为28.71亿元、22.11亿元，相比2015年分别下降了7.24%、12.4%。项目成果表明，福州市森林、湿地、草地、农田、城市、海洋六大生态系统对社会经济发展的支撑作用不断增强，福州市在践行“绿水青山就是金山银山”理念、提高生态产品价值和促进绿色协调可持续发展方面成效显著。为福州市未来的生态环境治理，特别是生态系统服务价值评估打下很好的基础，为我国生态文明建设和经济生态有机结合树立了“福州样板”[②]。创新企业环境信用评价，对违反《福建省建筑施工企业信用综合评价体系企业通常行为标准》等条例的企业扣除信用分[③]，建立完善排污权市场交易、抵押贷款和政府储备制度，推行绿色信贷，充分利用生态云平台，建立“测、管、罚、服（服务）”联动的监管体系，通过“非现场执法”方式在线调度企业整改情况。通过福建省企业环境信用动态评价系统核

---

① 参见《固定污染源排污许可发证登记清零　这项环保工作，福州提前完成》，《福州晚报》2020年9月8日。

② 参见何佳媛：《福州绿水青山“身价”算出来了》，《福州晚报》2020年12月10日。

③ 参见莫思予：《16家企业被扣信用分》，《福州日报》2020年9月18日。

实企业环境信用现状，帮扶企业对照环境信用企业责任指标要求，在评价系统中完善“清洁生产”“环境污染责任险”等相关内容，进一步提升信用等级，引导企业主动落实环保主体责任，助力企业复工复产，帮扶重塑企业环境信誉[①]，福州排污权交易规模和市场活跃程度位居福建省首位。

三是大力培育壮大绿色产业。深入实施绿色产业指导目录，大力发展绿色高效生态安全农业，推动城区产业“退二进三”“退城入园”，引导高耗能、高排放产能有序退出，为战略性新兴产业腾出发展空间，积极谋划生态休闲旅游业，生态环境、林业、农业、自规、海渔等部门成立乡村生态振兴专项小组，共同“执笔”，制订年度“绿盈乡村”建设和考评方案，并纳入县（市）区党政生态环保目标责任制考核[②]，助力打造宜居宜业宜游之城。

二、健全生态环境保护责任体系，构建多元共治格局

按照“党委领导、政府主导、企业主体、社会参与、市场运作”的思路，构建城市生态环境保护责任多元共担机制。首先，着力落实“党政同责、一岗双责”。充分发挥党委总揽全局、协调各方的领导核心作用，强化政府对生态环境保护的规划和主导职能，落实“河长日”“河长制”，推行“林长制”，建立“湾滩长制”和“海上环卫”机制，构建起符合主体功能区划的城市生态建设绩效评价考核体系。其次，着力推

① 参见何佳媛：《福州绿色信贷助力复工复产　典型案例获生态环境部推介》，《福州晚报》2020年10月19日。

② 参见莫思予：《“绿盈乡村”绘就福州版“富春山居图”》，《福州日报》2021年3月17日。

动政府间责任分工协作体系。明确“管行业必须管环保、管业务必须管环保、管生产经营必须管环保”的部门责任，通过多部门协作和区域协同治理，有效控制多污染物、PM2.5 和臭氧排放强度，提升大气环境质量。2022 年 1—6 月，福州市空气质量综合指数 2.62，同比改善 10.9%，优良率 99.4%。空气质量六指标“五降一升”，其中：PM2.5 浓度为 21ug/m^3，同比改善 16%；PM10 浓度为 33ug/m^3，同比改善 26.7%；NO_2 浓度为 19ug/m^3，同比改善 13.6%；SO_2 浓度为 4ug/m^3，同比改善 20%；CO 浓度为 0.8mg/m^3，同比改善 11.1%；臭氧特定百分位数浓度为 128ug/m^3，同比上升 7.6%。再次，创新开展内河整治，建立水质提升联席会议、碧水攻坚专项巡察等治水机制，形成城区“治水”大格局。最后，着力落实企业环保主体责任。建立实施环评审批和监督执法“两个正面清单”，实现环评审批“提速增效”。建立健全企业污染物排放在线监测系统，严格落实重点企业节能降耗和污染减排目标责任制。建成生态环境大数据云平台，提升细颗粒物和臭氧协同控制监测能力，基本实现环保网格化、信息化精准监管格局。截至 2022 年 6 月，福州市现已建成空气、地表水、噪声自动监测网络，辖区内现有国省市控各级环境空气自动监测站 53 座（全福州平均分布）、地表水水质自动监测站 20 座（全福州平均分布）、噪声环境自动监测站 22 座（主要分布在四城区）。

三、完善生态文明制度体系，提升生态环境治理效能

坚定改革定力，加快制度创新，强化制度执行，着力将各项决策部署转化为福州绿色发展的生动实践。一是健全“综合＋专项”的制度体

系。加强科学立法，累计出台生态文明建设相关条例、办法、规定 70 余项，全面覆盖生态文明建设涉及的经济、环保、文化等重点领域，确保生态文明建设各项工作有章可循。

二是完善生态环境保护执法体系。扩大按流域设置环境监管和行政执法机构试点，加强执法队伍标准化建设，打造一支机构规范化、装备现代化、队伍专业化的高素质生态环境保护铁军，福州是全国首个生态环境执法队伍实现统一制式服装的设区市[①]，深化生态环境保护综合行政执法改革。开展“绿盾”自然保护地强化监督工作，将沿海包括沙滩旅游、养殖区、码头在内的海漂垃圾较多的 10 个重点岸段作为试点，装上视频监控设备。摄像机可 360 度旋转，有效距离在 500 米以上，发现漂浮物时可自动调距聚焦，实现对重点岸段海域全景监测，有效解决海漂垃圾监管海域范围广、监管人力不足等问题[②]。建立自然保护地长效管理机制，坚决捍卫自然生态安全边界，健全环境治理责任考核制度。

三是健全环境资源公平司法体系。完善生态环境司法保障联席会议制度，健全信息共享、案情通报、案例移送等无缝衔接机制。完善“专业化法律监督＋恢复性司法实践＋社会化综合治理”生态检察模式。探索生态环境公益诉讼制度。

四是加强生态环境普法体系，将生态文明纳入各级干部培训教育和全民教育课程内容，充分利用各种融媒体技术，开展绿色低碳、生物多样性保护等主题宣传活动，引导人们争做“大自然的守法公民”。

---

① 参见《打造生态环境执法铁军》，《福建日报》2021 年 4 月 21 日。

② 参见《“千里眼”有“大智慧”　我市建成全国首套海漂垃圾视频监控网络体系》，《福州日报》2020 年 9 月 17 日。

四、加强生态环境风险防范体系，筑牢生态安全屏障

针对福州依山傍海、水旱灾害频发的特点，加强生态环境风险管控，构建城市生态安全格局。一是努力构建景观生态安全格局。以“山、水、城”格局为骨架和本底，建设完整的城市自然生态基础体系，高标准建设城市森林步道，创新建设串珠公园，打造生态休闲空间，打造凸显自然“显山露水”的山水城市。既延续凸显福州山水城市的传统自然格局，又增强城市防洪防涝功能，达到人文、景观建设与自然安全体系的共赢。随着治水攻坚全面收尾，福州城内的 207 个串珠公园依河延伸，绿色“骨架”不断舒展，一个个生态型、社区型、文化型公园在不同河道或不同河段“安家”，串起的 500.8 公里滨河步道、4095 亩绿地，形成风廊、水道、绿带相结合的立体绿色生态空间，也让城市生态空间更连续、更系统，形成全民共享的“绿色客厅”，让福州“推窗见绿、出门见园、行路见荫”，使福州的生态文明建设更上一层楼。[①] 二是全过程构建涉水安全体系。统筹推进治山、治水、治湖和治城有机融合，实施闽江流域山水林田湖草生态保护修复工程，增强自然生态系统服务功能。加强集中饮用水源地保护，推进水源保护示范区建设，推动安全生态水系建设，闽江、敖江、龙江总体水质持续保持优良，小流域优良水质比例较“十三五”初期提升 30 个百分点，在全省率先完成县域村庄污水治理规划，340 余个村庄建设小型污水处理设施近 500 套。[②]

---

① 参见阮冠达、孙漫：《“绿色客厅”全民共享　福州生态文明建设迈上新台阶》，《福州日报》2020 年 9 月 18 日。

② 参见莫思予：《“绿盈乡村”绘就福州版“富春山居图”》，《福州日报》2021 年 3 月 17 日。

深入开展万里安全水系建设，完善防洪防涝安全保障体系，增强水旱灾害防御能力。三是加强食品安全保障体系。建立跨部门协同工作机制，持续开展治理“餐桌污染”、建设“食品放心工程”，构建起从田头到餐桌的农产品全过程监管体系，守护人民群众“舌尖上的安全”。

建设生态文化体系，营造和谐社会氛围。积极推动福州历史文化名城保护工作，传承闽学生态文化理念。一是开展生态文明试点示范创建。实施绿色城市、绿色村镇、绿色通道、绿色屏障、林业发展、生态文化六大工程，推动深度提升森林城市建设水平，持续推进美丽乡村建设。二是加强生态文化基础设施建设。构建现代公共文化服务体系，努力打造国家公共文化服务体系示范区，公共文化场所免费开放水平逐步提高，图书馆、博物馆等生态文明教育载体功能显著增强。三是加强文化资源传承保护。深入挖掘昙石山、三坊七巷、船政、寿山石等文化资源内涵，编制《福州历史文化名城保护规划》《上下杭历史文化街区保护规划》等，统筹推进历史文化保护与生态环境保护协同发展。

“清风明月本无价，近水远山皆有情。”这些年，福州生态市建设已结出累累硕果，福州相继获得“国家环境保护模范城市”“全国绿化模范城市”“国家森林城市”“全国森林旅游示范市”“全国城市黑臭水体治理示范城市”等荣誉称号，“生态典范、幸福标杆”已成为这座城市的亮丽名片。2020 年，福州生态环境质量持续保持全优、部分指标达到历史高位。PM2.5 平均浓度降至 21 微克每立方米，优于世界卫生组织第二阶段标准，空气质量优良率达 99.5%，连续 5 年居全国省会城市第 3 位、重点城市前 10 名；主要流域优良水质比例 92.9%，高于全国平均水平 10 个百分点，基本消除牛奶溪、黑臭水体、劣Ⅴ类小流域，县级以上集中饮用水源地水质达标率100%，连续两年群众满意度达90%以上。2021年全市生态环境质量持续改善提升，主要指标继续保持在全国省会城市前列。大气环境状况方面，空气质量综合指数2.59，同比改善6.2%，在全国省会城市排名第三，空气优良天数比例100%，同比提高0.5个百分点，为全省唯一未出现超标天气的地级市；水环境状况方面，主要流域国省考断面Ⅰ—Ⅲ类水质比例94.4%，同比提升4.4个百分点，高于全国平均水平9.5个百分点，无Ⅴ类及以下水体。县级以上集中式饮用水源地水质达标率100%，近岸海域国省控点位一、二类水质面积比例90.81%；声环境状况方面，全市建成区的区域环境噪声、道路交通噪声平均值分别为56.8分贝和67.1分贝，声环境质量基本稳定。2022年1—5月，福州市空气质量综合指数3.04，在全国168个重点城市排名第7，空气优良天数比例99.3%；主要流域国省考断面Ⅰ—Ⅲ类水质比例97.2%，同比上升11.1个百分点，无Ⅴ类以下水体。县级以上集中式饮用水源地水质指标达标率100%；近岸海域国省控点位一、二类水质面积比例89.05%；区域环境噪声、道路交通噪声平均值分别为56.6分贝和68.3分贝。近年来，福州市在生态环境保护的实践过程中，不断探索新模式新方法，城市内河整体捆绑外包治理、兼具“山海特色”的生态系统价值核算、排污权贷款抵押、垃圾分类“三端四定”福州模式等工作机制创新走在全国前列，厚植了高质量发展的底色、人民幸福生活的亮色、全面建设社会主义现代化国家的成色。

第四节　谋划山水城市、生态城市

“3820”战略工程中的“城市总体规划”明确福州的发展方向为“发挥山、水、温泉自然特色，融众多文物古迹于一体，把福州建设成具有浓厚地方特色、整洁、美丽的城市”，即山水城市。

一、显山露水修复生态空间

福州依山傍海，山体众多，沟壑纵横，自然条件优越。这些山水既是福州特色更是城市的生态屏障，为了避免城市的侵占，在“3820”战略工程指导下编制的《福州市城市总体规划（1995—2010年）》中，其修订的重点之一就是充分利用福州优越而独特的山水自然条件，实施“显山露水”工程，创造良好的城市生态环境和空间环境。并在具体规划中控制城市及空间资源规模，以自然山水为骨架，建设完整城市自然生态屏障。

20世纪90年代随着福州人口的增加以及工业的发展，生活生产区域挤占了大量生态空间，造成环境承载压力过大，人居环境堪忧。通过实施“显山露水”工程，重点保护“三山两塔一条街”的空间格局，严格控制山体周围建筑高度，逐步实现建筑搬迁，实现“还山于民”。拆除河道违规建筑，清淤治污，大规模治理水系。按照“3820”战略工程规划工业用地和生活居住用地，结合旧城改造，降低城市建筑密度，改善人居环境，并将所有市区内的工厂予以搬迁，逐步将城市侵占的山水“请”回来。为此实施“东进南下，沿江向海”发展战略，开发新区以疏解旧城区过高的人口压力和优化产业布局，拉大城市框架为福州提供必要的发展空间。

二、推进绿化福州

20世纪90年代福州建成区绿化覆盖率只有17%，低于全省乃至全国平均水平。福州生态基础薄弱、森林植被数量不足易造成大量水土流失。山水城市建设的基础离不开城市绿化，“3820”战略工程规划明确提出1995年要实现绿化福州的目标，凡是没有房子的地方都要绿化起来，绿化效果要体现在整体上，要形成“山水城市”。对于防洪排涝内河治理，专门强调“内河要建有排水功能，保证两侧绿化”，通过河内清污、河岸种树进行系统性生态修复。

三、实施水系治理

福州有107条内河，沟壑纵横。随着城市发展，河道污染、内河淤积的日益严重，造成城市排洪排涝能力下降，福州成为我国城市内涝问题最为严重的城市之一。按照“3820”战略工程的内河整治规划，福州实施大规模的水系治理。前期全面展开调查，1991年实地普查河道，汇编《福州市区内河基本情况普查》，制定《城区内河综合整治规划》，计划15年内投资6.6亿元。1992年推行市区街三级管理模式，全面实行河道“六包”。1994年制定了《整治城区内河污染六年规划》。1995年2月3000多人参加新西河内河治理。对于内涝最严重的铜盘路，因地制宜，开挖河道，将洪水疏通到西湖。

第五节　筑牢生态安全屏障

构筑生态安全屏障是指通过对区域生态系统的调节，为本区域或更大尺度范围内提供生态服务，改善区域生态环境质量，防止生态灾害或灾难的发生，确保区域经济可持续发展。党的十八届五中全会明确提出“筑牢生态安全屏障”总目标，强调要全面提升自然生态系统稳定性和生态服务功能。

近年来，福州市坚持以习近平生态文明思想为指导，围绕构筑闽江流域生态安全屏障、推进区域协调可持续发展，进行了一系列有益的探索和实践。

一、生态补偿机制的探索和实践

2005 年，福建省出台《闽江流域水环境保护规划》，启动实施了闽江流域生态环境补偿机制，重点开展畜禽养殖业污染治理、乡镇垃圾处理、水源保护、农村面源污染整治示范工程、工业污染防治及污染源在线监测监控设施建设等八大工程的建设。福州作为闽江下游的受益地区，拥有相对较强的经济总量和财政收入，对流域生态环境的保护也有一定的责任意识。按照规划，在保证原有闽江流域综合整治资金不变的前提下，福州市为上游的南平、三明两市支付一定的生态环境保护专项资金，用于闽江流域上游三明、南平段的环境设施建设和水污染专项整治。

在积极履行闽江流域跨市域生态补偿工作的同时，福州市依照省级规划和实施方案，结合闽江在福州段流域的实际情况，开展闽江流域在福州市域范围内生态补偿机制的探索和实践。2014 年，福州市财政设立了生态保护财力转移支付，2020 年，福州市重新修订了《福州市市级生态保护转移支付资金管理办法》，2021 年起将市级生态环境保护专项支付资金规模增加至 17000 万元，其中，由福州市生态环境局管理的生态流域补偿资金每年有 3000 万元。根据《福州市环保生态流域补偿资金管理办法（试行）》，市级环保生态流域补偿资金重点支持 6 个市级饮用水源地上游流域所在的县（区），考虑到福州闽清、永泰等经济欠发达县（区）生态保护和污染治理难度相对较大的实际情况，在设置整治难度系数、转移支付补偿系数时对经济欠发达和上游县（区）进行了倾斜和支持，给予了较高的补偿系数。2019 年以来，福州累计向闽江流域涉及县（区）下达省级重点流域生态环境保护补偿资金近 1.8 亿元，市级环保生态流域补偿资金共计 7000 多万元。

二、推动闽江流域协同立法

2022 年 5 月，由福建省人大常委会组织，福州、南平、三明、宁德、泉州、龙岩、莆田等 7 个设区市人大常委会的立法工作人员聚集一堂，共商闽江流域水生态环境协同保护立法工作，在保证立法质量的前提下，将 7 个设区市达成共识的内容列入其中，形成流域内依法治理的一致性、协调性，真正构建起“共饮一江水、共抓大保护”的格局。此次商讨闽江流域水生态环境协同保护立法工作是深入贯彻习近平生态文明思想，建立闽江流域水生态环境跨行政区域协同保护机制的创新探索，对福建省第二次打破行政边界，开展区域协同立法，实现用法治力量推动闽江流域协同发展，意义重大。相比首次，2022年闽江流域水生态环境协同保护立法取得更大突破。在跨市域协同立法工作中，通过制定同一文本的法规性决定，统一流域治理和保护标准，共同做好闽江流域水生态环境保护。同时，立法工作还充分考虑到各地的实际需要，比如，针对上游地区和下游地区对生态补偿等方面需求和主张有所差异的实际，鼓励各市在法规文本内容大部分一致的前提下，适当补充本地有特点、可操作性强的规定，做到求同存异，力争使立法汇聚最大的公约数。

作为省会城市，福州主动发挥带动作用。在协同立法座谈会上，福州将《福州市人民代表大会常务委员会关于加强闽江流域水生态环境协同保护的决定（草案修改稿）》（以下简称《决定（草案修改稿）》）提交讨论，最大限度地征集民意、汇集民智、集聚民力，推进保护闽江河这件事关7市人民共同福祉的大事。《决定（草案修改稿）》共17条，在总体要求上，规定福州要与南平等6市共同建立协同保护机制，确保流域经济社会高质量发展和生态环境高水平保护协同并进；在协调机制上，强调福州市政府要与南平等6市政府建立闽江流域水生态环境保护联席会议制度，共同改善闽江流域水生态环境质量；在协同内容上，从立法协同、执法协同、司法协同、监督协同4个方面，对闽江流域水生态环境共建、共治、共管、共享作出原则规定。

三、加强闽江流域污染联防联治

为进一步加强闽江流域水环境保护，改善流域水质，维护上下游地区经济社会的协调发展，2005 年，福建省专门出台了《关于加强闽江流域水环境综合整治工作的意见》，并设立了闽江水环境综合治理领导小组，定期召开闽江水环境综合整治联席会议，形成以分管副省长为组长、环保部门为主体、相关职能部门配合的运行体制。在省委、省政府的引导下，福州市积极推动形成了跨地区、跨部门的流域治理协作机制。一方面，福州市强化与宁德、南平、莆田、平潭等城市生态环境部门协作，会同闽江流域的南平、三明、宁德、泉州、龙岩、莆田 6 市开展《关于加强闽江流域水生态环境协同保护的决定》编制起草工作，推动闽江流域治理和保护标准统一，筑牢闽江生态保护屏障。另一方面，福州市积极争取省生态环境厅支持，在闽东北协作平台框架下会同南平、宁德等闽江上游设区市联合开展水口库区网箱养殖整治和闽江船舶航运污染防治；牵头做好闽东北协同发展区环保协作活动承办筹备工作，组织生态环境协作交流会，做好“四市一区”生态环境协作交流，共同推进闽东北生态协同保护平台建设，推进闽东北协同发展区建设。

在积极推动闽江流域跨市域联防联治的同时，福州市按照“全党动员、全民动手、条块结合、齐抓共治”的治水方略，坚持共同抓好大保护，协同推进闽江流域福州段水生态环境的大治理。在这一过程中，福州市采取了一系列推进联防联治的举措，例如，由市委、市政府与县（市）区党政主要领导签订治水“责任状”，落实“领导包案”“挂账销号”制度，逐级压实治水责任，倒逼县（市）区属地责任落实；建立

“6＋X”日常监督联席会议制度，对部门落实治水责任全程监督；以水污染防治和水生态修复为重点，逐县逐项制定饮用水水源、城市内河、重要湖泊、小流域等方面13份治水清单，建立属地政府年度治水重点任务“一本账”等，确保各项联防联治工作有序推进、落到实处。

四、提升闽江水质监测能力

在水环境治理的监管体系方面，福州市充分发挥数字技术优势，依托福建省生态环境大数据云平台，深入推进大数据与生态环境治理深度融合，逐步构建起“水环境监测—污染源监管—预警模拟—溯源分析”和“网格化巡查—治理工程—环境质量跟踪”的流域水环境治理的监管体系，完善提升闽江水质监测能力。

一是融合共建省市流域水环境管理信息化“一张图”。福州生态云数据资源中心向上打通福建省生态云平台，向下穿透至区县生态环境局及相关企业，融合共建省市统一的公共基础库、交换共享库，对流域水生态环境数据形成统一管理，实现闽江沿线福州、宁德、南平等设区市断面、重要饮用水源地水环境质量、重点污染源在线监控等数据的互通共享。

二是整合环境监测资源，夯实环境监测基础。福州市在全省率先建设特色环境监测站，设置闽江流域福州段7个主要流域断面、9个主要流域断面和36个小流域断面，推进闽江流域重点断面水质自动监测站选址建设，健全完善闽江流域水质自动监测预警体系，保障闽江用水安全并取得良好成效。同时，福州将全市分为5个片区，培育各县级监测站特色监测能力，补全水质监测短板，形成覆盖全市的水系监测网络，实时监测流域水质，全面掌控流域水质动态变化。截至 2021 年，福州全市 3 大水系、200 余条各类河流、20 个主要流域水质监测断面、72 个小流域水质监测断面、17 个县级及以上集中式饮用水水源保护地、6000 余家污染企业、200 余个生活污水处理厂，全部实现水污染防治智能化。

三是强化水质监测预警。福州市运用生态云平台，落实环境质量会商制度，在国家和省监测考核基础上，开展闽江水质波动断面随机监测，及时向属地政府和相关部门通报水质监测情况。若是特定区域出现水质超标现象，使用溯源功能，可以综合展示周边 3 公里范围内全部污染源信息，快速锁定主要问题。此外，福州市还将水质监测预警运用到海漂垃圾的全闭环治理，建成全国首个海漂垃圾视频监管网络体系，通过在沿海重点敏感岸段安装了枪球一体智能视频监管设备实现对海漂垃圾的识别、定位和分析，即时派发任务、自动核验结果并形成台账，从而弥补海域范围广、人力不足等海漂垃圾治理短板。

五、开展流域水系环境执法检查

为加强环境执法监管，福州市进一步转变工作作风，常态化开展“四不两直”巡查、突击巡查，推动水生态环境质量持续改善。以散乱污企业（场所）排查整治为抓手，持续开展包括闽江等重点流域专项执法行动，严厉打击水环境违法行为。2020 年以来，福州市对全市市域范围内所有规下企业（含个体户）进行全面排查，根据 12345 群众投诉等大数据进行摸排，对所有“散乱污”企业（场所）精准识别、分类施策，按照“一企一策”的思路，分别实施关停取缔、整合搬迁、升级改造三种整治方式。截至 2021 年，全市共摸排散乱污企业（场所）5000 多家，其中列入关停取缔 3000 多家，整合搬迁 110 多家，升级改造 2200 多家。

为进一步提升水系治理成效，强化全市水系生态环境综合执法工作，保障水生态环境得到有效改善，福州市结合闽江流域散乱污企业（场所）整治，将五城区内河、集中式饮用水水源地保护区、闽江、龙江、大樟溪等重要流域列入流域执法范围，开展“清流行动”等执法专项行动，严厉打击闽江流域环境违法行为。针对五城区内河，定期开展内河周边污染源专项执法检查，强化对内河周边工业、医疗业、餐饮业、洗车业的日常监管，要求排污单位配套相应污染防治设施设备并正常运行，确保污水达标排放；针对集中式饮用水水源地，将按照源头保障百姓饮用水安全“六个 100%”要求，落实水源地巡查制度，排查饮用水水源地违法违规建设项目，以及周边工业点源、农业面源、生活面源等各类生态环境问题，依法查处水源地保护区（范围）各类环境违法违规行为；针对重要流域、其他流域，主要开展畜禽养殖业、水产养殖业、小水电站、工业企业及散乱污、其他影响水质情况的检查。对执法过程中发现的问题，要求制订整改方案，明确整改内容、时限、措施等，形成问题整改清单，依法查处环境违法行为。

六、打造美丽河湖、美丽海湾

为打响美丽福建建设整体战，福州市围绕“两江四岸”环境品质提升、闽江河口湿地生态保护、水源保护示范区建设工作，打造一批生态民生工程，形成美丽河湖、美丽海湾的生态治理样本。

一是系统开展生态修复与改造。近年来，福州市坚持“节水优先、空间均衡、系统治理、两手发力”治水方针，通过清理江面垃圾，采取雨污分流、管道封堵等措施从源头整治排污口，持续推进河湖生态修复与改造，巩固提升水环境质量，全面提升闽江流域水系治理成效。在遵循海湾生态系统内在规律的基础上，福州市还开展各项生态保护修复工程的建设，构筑了集海岸防护、生物多样性保护、生态优化为一体的海湾生态安全格局，开展红树林生境修复、沙滩修复、湿地外来入侵植物清理。“十三五”期间，共整治清理海滩 120 公顷，完成干滩修复面积约 22 公顷，补沙 48.6 万方，有效扭转沙滩资源持续退化的趋势。

二是强化治理，巩固提升水环境质量。为防止污水入河影响福州水质，福州持续强化闽江干流福州段排放口整治工作，将城区内河水系治理经验做法推广应用到闽江—乌龙江“两江四岸”的环境治理提升中，出台《“两江四岸”品质提升水体治理实施方案》《深入推进闽江流域福州段生态环境综合治理工作方案》等方案，从巩固提升入河排放口排查整治、强化水质监测预警、散乱污企业整治等 7 个方面，细化形成并实施 60 个水质提升具体项目。同时，福州市编制的《福州市入河排放口整治技术导则（试行）》，在帮扶指导各县（市）区因地制宜、分门别类深入开展入河排放口“查、测、溯、治、管”的整治试点工作中发挥了重要的作用，于 2021 年 5 月得到省生态环境厅肯定并在全省推广。在海湾治理方面，福州市开展区域内陆海生态环境本底调查，全方位摸清滨海污染本底情况，逐步完善陆海生态环境协同保护的模式路径。同时，福州市引导滨海区县以《福州滨海新城森林城市建设总体规划》《长乐市滨海沙滩保护和利用规划》等系统性规划为指导，衔接福州市

“三线一单”生态环境分区管控成果，严守近岸海域生态保护红线，严控岸线资源开发强度，明确美丽海湾全线保护和修复的范围、原则和要求，启动海岸带修复与建设等工程。近年来，福州市开展了“碧海银滩”等海湾污染防治行动，基本消除海漂垃圾，近岸海域水质优良比例达到87.5%以上，从源头减少陆源污染入河下海，实现“海陆城”统筹管理。

三是打造文盛景美、亲水宜人的“美丽河湖”“美丽海湾”。为充分利用闽江水清水近、亲江拥江、人文荟萃等优势，将“两江四岸”区域打造成“山水城市”重要的展示窗口，福州市系统开展“两江四岸”及其周边环境提升工作。在“两江四岸”与水系周边环境提升工作过程中，通过适当建设山体公园，串联休闲步道、生态公园、串珠公园等公共休闲空间；通过在垂直滨江沿线设置慢道、街头公园和广场，实现绿道网连山通江。同时，按照“以点串线、远近结合”的工作思路，充分利用“两江四岸”沿线丰富的资源，选取烟台山—上下杭等核心区，充分挖掘历史文化底蕴，打造一批精品景观带；聚焦市民活动的滨水慢道、生态公园等主要公共休闲空间，完善消费、休闲、文化、停车等配套，推进码头建设，充实闽江夜游航线等，从而打造文盛景美、亲水宜人的美丽河湖。此外，福州市在保护修复“海滩—防护林—湿地”系统基础上，将自然生态与文化遗产、产业活动有机融合，利用不同区域的资源禀赋，联动城市片区与空间规划，提升配套基础设施，贯通滨海慢行道，打造湿地公园、城市公园、海滨度假村等不同功能类型的特色节点，提升海湾区域旅游服务能力，有效提升亲海空间和亲海品质。其中，闽江干流（福州段）美丽河湖优秀案例入围生态环境部“美丽河湖”候选案例，长乐滨海新城“美丽海湾”建设成果提名全国优秀案例。

第六节 垃圾分类

多年来，历届市委、市政府十分重视城市的环境卫生工作，早在20世纪90年代，福州就规划建设了红庙岭垃圾处理场。接续传承，一任接着一任干，福州的垃圾处理工作不断取得新成效。

2017年福州市被住建部列为46个生活垃圾分类重点城市之一，2019年5月福州城区全面推行生活垃圾分类工作，在全市上下共同努力下，垃圾分类工作取得了显著成效。

一、体制机制有创新

（一）一种模式——“三端四定”

福州在吸纳先进城市做法的基础上，结合自身实际，创新实施全国首创的垃圾分类“三端四定”工作法，构建起前端分类投放、中端分类收运、后端分类处置的垃圾处理闭环体系，有力解决了制约垃圾分类前中后端的系列症结问题，实现垃圾分得清、收得齐、运得走、处理得好。

一是前端分类“四定”。定时投放，每日6：00—9：00、18：00—21：00为小区居民生活垃圾固定投放时段；定点收集，小区因需设置至少一个以上固定垃圾投放点位，因地制宜配建垃圾分类屋（亭）；定人管理，投放时段内，每个垃圾投放点至少配置一名分类管理员，专职负责桶边督导、开袋检查；定位监控，每个分类屋（亭）安装监控探头，接入“平安小区治安”监控平台，纳入全市统一监管系统。

二是中端收运“四定”。定好企业，规范垃圾收运企业准入门槛，逐家核准；规范分类收运作业要求，逐级检查。定好车辆，统一分类收运车辆配置要求（七大类），逐车建档；统一分类收运车辆标识标牌，喷涂到位；统一安装 GPS 定位系统，全程监控。定好时限，合理规划垃圾收运线路，固定收运时限，与前端收集无缝对接，收运时间白天安排在 9：00—17：00，晚上安排在 21：00 至凌晨。定好点位，街镇牵头，组织社区、物业共同负责选定小区垃圾收运点位置，垃圾桶在收运点停留时间不超过 15 分钟。

三是后端处置“四定”。定点查验，红庙岭垃圾综合处理场进场路口设卡，对垃圾分类运输车辆现场查验，未规范分类收运的车辆禁止进场。定厂处置，餐厨、厨余、其他和大件垃圾运往红庙岭相应处理厂；可回收物运往再生资源分拣中心；医疗和有害垃圾运往相应危废处理厂。定准流程，餐厨垃圾采用“厌氧发酵、生物制油”工艺处置；厨余垃圾采用“干式厌氧、沼气发电”工艺处置；其他垃圾采用“焚烧发电、卫生填埋”相结合方式处置（2020 年底已实现生活垃圾零填埋）；大件垃圾采用“分拣破碎、资源利用”方式处置；可回收物由再生资源回收企业进行资源回收再利用；有害垃圾由有危废处理许可资质的企业进行无害化安全处置。定责监管，餐厨、厨余、其他和大件垃圾处置由市城管委负责监管；有害垃圾处置由市生态环境局负责监管；可回收物的回收再利用由市商务局负责监管。

（二）一个原则——管行业必须管垃圾分类

福州在全国率先实行“管行业必须管垃圾分类”，由主管部门对本行业、本系统垃圾分类工作进行检查和考核，全面推进公共机构和场所垃圾分类，将垃圾分类推广到全社会。

（三）一座屋（亭）——每个小区建设垃圾分类屋（亭）

福州打造最便利的分类环境——首创在每个小区建设垃圾分类屋（亭），撤桶并点，管理并配置监控探头、分类管理员，严格落实“八有八无”[①]，并明确新建楼盘应提前规划布局垃圾分类配套设施，让小区居民养成垃圾分类习惯。

（四）一块站牌——“公交站牌式”分类收运

在借鉴先进城市“公交式”收运经验的基础上，福州因地制宜，创新推出“公交站牌式”分类收运，设定厨余垃圾和其他垃圾的收运线路、收运车辆到达时间，确保垃圾桶在路面停留时间一般不超过 15 分钟，从而降低垃圾滞留、分类收运的扰民影响。

二、设施体系更完善

近年来，福州加大对垃圾分类软硬件设施的投入力度，不断增加、更新垃圾分类、处理的各项设备，完善相关流程，已经形成各类垃圾从回收、运输到终端处置的闭环。

（一）前端分类设施完备

生活垃圾分类的最终目的是要实现“减量化、资源化和无害化”，

① “八有”指有分类管理员、有监控探头、有各类标识、有洗手池、有照明设施、有除臭（消杀）液、有加锁、有台账，“八无”指地面无积水、无垃圾、无污渍，门窗墙壁无灰尘、无乱张贴，分类桶无乱投放、无满溢，屋（亭）及周边无臭味。

而“三化”的基础是分类清晰。截至2022年5月，福州五城区在各个小区共建成5237座分类屋（亭），全部配置监控探头，实行“八有八无”管理，配备5506名分类管理员并加强培训，定时在岗开展桶边督导，开袋检查。

作为生活垃圾的重要组成部分，可回收垃圾除了要从其余垃圾大类中分类外，本身也要进行再分类。为此，福州加快回收网点和环保驿站布局，用于专门收购可回收垃圾。环保驿站是福州市供销社落实市政府生活垃圾分类和减量工作任务要求，在城区建设的标准化可回收物回收网点。每座环保驿站配备专人管理，门口均贴有详细的回收物价目表与管理员信息，内部物品按种类堆放整齐。工作人员将可回收物分类、记重，然后根据价目表，付款给居民或折算成积分，积分可用于兑换相应的生活用品。截至目前，全市累计完成上百个环保驿站网点建设，五城区生活垃圾可回收物回收服务实现全覆盖。

（二）中端收运体系规范

对全市数十家收运企业进行清理整顿，严格准入门槛，清退不合格企业，对剩余的18家合格收运企业签订规范分类收运承诺书，严禁混装混运，实行“五个统一”规范管理（即统一车辆配置要求、统一车辆标识设计、统一GPS定位系统、统一收运模式、统一规范操作）。截至2022年5月，600多辆分类运输车喷涂了统一标识，设置了326条“公交站牌式”收运线路，严格执行收运规范，实现垃圾收运“桶车一色、专车专用、车到桶出、垫布作业、车走桶收、车离地净”；垃圾分类中的有害垃圾，从分类屋（亭）、集中转运点运出后，经专线封闭运输送达红庙岭；暂存于环保驿站的可回收垃圾，也由统一的可回收垃圾专用车运走；福州还创新垃圾收运方式，实行小区垃圾“公交站牌式”和沿街店铺“摇铃上门”分类收运，已吸引数万家商铺参与。

另建大件垃圾集散点、有害垃圾集中收运点。由街镇负责规范设立有害垃圾集中收运点，每个街镇至少设立一个集中收运点，并组织将小区前端收集到的有害垃圾运送至有害垃圾集中收运点。目前，福州市五城区 41 个街镇已设置 45 个有害垃圾集中收运点。市生态环境局负责组织处置单位到各街镇有害垃圾集中收运点上门清运，使用专门危险货物车辆进行运输，每月每个集中收运点至少清运一次，清运时填写有害垃圾转移联单。2020 年月均收运处置有害垃圾 8.1 吨，2021 年月均 7.1 吨，2022 年 1—6 月月均 6.5 吨。

此外，福州正在推进 13 座城市管理综合体（垃圾转运站）建设，根据福州市九大专项行动任务要求，在 2022 年可基本完成建设，福州城区每日垃圾转运能力可达 5000 吨。与传统垃圾运转站不同，城市管理综合体严格按照“看不见垃圾，见不到场所，闻不到异味”标准，采用国内一流、国际领先的设备及工艺，在保证垃圾高效压缩转运的基础上，防止臭气外溢，杜绝臭味扰民问题。采用全（半）地下式建筑结构，建筑景观设计充分结合周边环境，采用屋顶花园式设计，并进行全面绿化，突出绿色生态环保理念，力求简洁明快。城市管理综合体也包含前端收运工作，实现了“源头高效化、收集机械化、中转无缝化”的收运体系。其中位于晋安区的半地下式垃圾转运站——洋里城市管理综合体是全省规模最大的城市管理综合体，目前已正式投入运营。该转运站占地面积 11400 多平方米，分为地上地下两层，总投资约 2.23 亿元，最大处理规模为 800 吨/天。同时具备垃圾压缩转运、环卫车辆充电、垃圾分类宣教、环卫驿站等功能，服务范围包括整个福州台江区和部分晋安区，服务人口约 90 万人。经过压缩后的垃圾通过大型垃圾转运车，全部运往红庙岭循环经济生态产业园，进行无害化分类处置。

（三）后端处理设施齐全

随着福州垃圾分类“四定”模式的推行，厨余垃圾、其他垃圾、大件（园林）垃圾、餐厨垃圾等已经实现前、中、后端的闭合，这些垃圾被运输至红庙岭循环经济生态产业园（以下简称“红庙岭产业园”）进行处理。红庙岭产业园是承接全市主要生活垃圾的终端处置园区，在功能布局上充分考虑了生活垃圾的集中化、分类式处理需求，形成了与前端分类需求相匹配的垃圾分类全链条处置体系。从 2017 年开始，红庙岭产业园启动了 22 个重点项目，总投资近 50 亿元，涵盖垃圾协同焚烧、生态修复、餐厨、危废、厨余、大件等所有生活垃圾处理体系，彻底解决了垃圾分类“前分后混”问题，目前已成为全国处理工艺先进、处置体系完善、生态效益良好的循环经济生态园区。红庙岭产业园探索创新“三个循环”机制，实现垃圾变废为宝、“近零排放”：一是“大循环”，指废弃物经成体系集中处理，变成电、基肥、生物柴油、环保透水砖等资源，再回到生产生活中。二是“中循环”，指园区各项目之间物质和能量的循环，不同处理厂自身无法消化的废弃物，如厨余厂的沼渣、大件园林厂的木屑等，集中到协同处置项目来处理，最终用于焚烧发电。三是“小循环”，指园区单个项目内部的循环，如在厨余项目中，有机质分解产生沼气可发电，产生的余热又可以用于项目中恒温厌氧罐的保温。“三个循环”带来的可观经济效益，每年为福州节约能耗约 6.33 万吨标准煤，减排约 60 万吨二氧化碳。

福州五城区产生的有害垃圾通过公开招投标，委托具备危险废物经营许可资质的企业进行收运处置，五城区以外的县区产生的有害垃圾则运送至红庙岭循环经济生态产业园进行处理。可回收垃圾则在环保驿站经过分拣、打包后，送到位于仓山区的临时分拣中心处理。可回收垃圾在此经过进一步细分、打包后，转卖给相关企业进行二次利用。当前福州市正规划在城区建设两座可回收垃圾智能分拣中心，分别位于仓山区和晋安区，其中仓山区的分拣中心占地 11200 平方米，晋安区的分拣中心占地面积约 7400 平方米，两座智能分拣中心将建设成为工厂化、现代化、智能化的花园式分拣中心。可回收物将在此经过人工分选、自动分选、磁选、光筛分选、打包等相关工艺方法处理，得到不同类别的再生资源，销售至下游再生资源企业变为再生原料。

三、工作保障有力度

（一）组织领导有方

为加快推进垃圾分类工作落实、提高城区分类准确率，一方面，福州近年来采取了切实可行的措施，成立了市委书记任组长、市长任常务副组长的生活垃圾分类工作领导小组，将垃圾分类纳入九大专项行动。福州市委、市政府主要领导、分管领导定期召开专题会、实地调研，细化方案措施。各部门主要领导亲自部署抓落实，各区四套班子领导层层包干，区包干街（镇），街（镇）包干社区，社区包干小区，并在媒体公布包干名单。

另一方面，福州不断完善垃圾分类相关法律法规和工作方案，2019 年 3 月 29 日以政府令形式先行颁布《福州市生活垃圾分类管理办法》，

2019 年 9 月 26 日省人大常委会批准了《福州市生活垃圾分类管理条例》，市人大常委会 2019 年 10 月 14 日颁布，自 2020 年 1 月 1 日起实施。《福州市建筑垃圾处置管理办法》《福州市生活垃圾分类中有害垃圾收运处置管理考核办法》《福州市生活垃圾分类中有害垃圾收运处置管理考核办法》《福州市生活垃圾可回收物回收体系建设实施方案》等政策文件也相继出台，进一步细化了垃圾分类工作。

（二）宣传教育到位

推行垃圾分类，重在全民参与，居民意识不提高，没有积极性，垃圾分类只会是“沙上建城堡”。一方面，福州市各类媒体（含新媒体）大量刊播垃圾分类相关报道，营造全民参与的良好氛围，另一方面，开展了各式垃圾分类行动，新颖的活动方式获得市民的广泛好评。

例如，线上线下同步选出“三十佳分类小区”“三十佳分类屋”“十佳分类工作企业”“百名优秀分类管理员”；推动垃圾分类教育走进全市各大中小学、幼儿园，发放垃圾分类知识读本至学生书桌；开办垃圾分类抖音节目、垃圾分类 2.0 创意微课堂、制作垃圾分类动漫；开展千名城管志愿者进社区推进垃圾分类活动，深入小区开展垃圾分类宣导，让执法力量和志愿力量延伸到社区每条“毛细血管”；对分类工作一线人员、督查员、志愿者等进行集中培训，参训人员考核合格后持证上岗；每逢周末、节假日，在街头、广场等公共场所，开展垃圾分类主题宣传活动，五城区各街镇、社区以及垃圾分类企业全部行动起来，摆设咨询台，立起宣传展板，向过往群众发放垃圾分类宣传材料；组织分类主题节目表演、寓教于乐的游戏互动、分类积分兑换小礼品……垃圾分类成为福州市民全民参与的新时尚。

（三）执法督查严格

福州市成立了市、区垃圾分类专项执法小组，自2019年8月起开展分类执法，大力查处、纠正违反《福州市生活垃圾分类管理办法》《福州市生活垃圾分类管理条例》的违规行为，加强执法惩戒。

根据市政府关于生活垃圾分类工作要求，为加大督查执法力度，由市城管委组织带领城管支队、市环卫中心工作人员持续开展福州市生活垃圾分类“飞行检查”。检查采取“四不一直”，即不发通知、不打招呼、不听汇报、不用陪同、直插现场，确保看到真实情况，并现场通报所属单位，下发检查通报，督促抓好整改，整改不到位则全市通报，时刻绷紧垃圾分类这根弦。通过持续开展“飞行检查”，发现问题立整立改，落实长效管理措施，福州垃圾分类准确率不断提升。

另外，建立起市、区、街（镇）三级督查考评机制。市城管委牵头每周深入现场督导暗访，每月评出“十佳”“十差”小区；市效能办每月对五城区分类工作开展效能督查、通报；市机关局对市直部门，市直部门对管辖行业，各区对街（镇），街（镇）对社区开展督查、考评。

四、数字智能显身手

在垃圾分类工作过程中，福州利用数字赋能，加快建设智慧化环卫与全过程环卫监管体系，推动垃圾分类向数字化、智能化转型，打造国家级福州环卫名片。

在构建环卫监管体系方面，更加智能，例如，道路保洁作业监管依托移动终端技术，对道路保洁作业质量进行可移动、现场化考评。五城区垃圾分类企业引入电子台账管理，同时在74个小区试点推行智能分类投放设备，实现扫描溯源。新规划建设的城市管理综合体（中大型地下垃圾转运站）全部配套建设智能中控系统，并与即将完工的“智慧环卫”平台联网，可实现生产作业全过程远程实时监管、动态回溯查证。结合“智慧环卫”平台建设，15座小型垃圾转运站内也将补充建设实时监控系统，有效提升转运站集成化管理和智能化调度水平。

在加快建设智慧化环卫系统方面，“福州市城市管理精细化综合管理平台”的相关业务应用模块已上线使用，可有效解决环卫管理数据口径不一、作业监管不精准、考核标准不统一、处理不及时等方面问题，实现对环卫保洁、垃圾分类、垃圾收运、垃圾收费、设施建管等精细化、科学化、智能化的管理目标；在环保驿站上线数字化智能系统，该系统涵盖预约上门回收、电子云秤、驿站监控、车联网、可回收物大数据管理等功能；城市管理综合体通过智能中控系统实现从卸料到分类压缩和转运过程的全自动化作业，垃圾车从进园到离场仅需十分钟左右，人工需求也大大减少；“e福州”正式上线大件垃圾回收平台，用户可自主选择“预约上门”“自主清运”“一键下单”等服务，让市民足不出户就能解决大件垃圾投放难题，福州市大件垃圾处置配套体系日臻成熟。

在推动红庙岭智能平台建设方面，数字红庙岭精细化监管系统已纳入市城管委市政公用设施监管平台建设，依托福州市城市管理精细化综合管理平台基础，可实现对红庙岭20多个垃圾处理设施监管及指挥调度等，打造全国一流的垃圾处理体系精细化管理服务平台，将红庙岭建成“安全、环保、生态、智慧”的垃圾处理产业园。

未来，福州将充分利用城市精细化管理平台，实现数据共享，推进城市分类一体化智慧管理——前端实现居民分类投放实时监控；中端优化收运线路，提升收运效率；后端处理设施运营实时监控。各类垃圾从产生、收集、运输到处理，全过程将智慧化管理，全程可追溯，实现生活垃圾全生命周期管理。

五、县区工作获进展

福州城区垃圾分类开展得如火如荼，农村垃圾分类也没有掉队。五城区外的各县（市）区均已出台实施方案，全面开展分类宣传教育，垃圾分类有序推进。例如，闽清县将上莲乡作为干湿垃圾分类试点乡镇，纳入城乡环卫一体化服务范围。每家每户配发干湿二分类家用小桶，由项目公司每日安排专门的湿垃圾收运车上门收取并做好登记，对于分类准确的居民给予适当奖励。福清市结合人居环境整治工作，全面推进农村生活垃圾治理和分类工作，24 个镇（街）已全域实现生活垃圾分类市场化，由 12 家中标企业运营，同步实行“四分法”，同时福清还试点推行“智慧信息监管平台＋垃圾分类”机制，通过智能监管科技助力，实现生活垃圾分类处置。目前，福州五城区外的各县（市）区，均已建成垃圾焚烧厂，加大建设厨余垃圾处理设施和分类屋（亭）、配备分类收运车辆、配发四分类桶等方面的工作力度。

多年来，福州垃圾分类工作成果丰硕，目前福州五城区分类覆盖率已达 100％，准确率达 85％以上，回收利用率达 40％以上，生活垃圾月产生量相比 2017 年下降 21％。红庙岭垃圾场也升级为集固废资源化利用、环保产业聚集、环保宣传教育于一身，基础设施共建共享、资源循环利用，污染物“近零排放”森林式循环经济产业园，垃圾分类的后端无害化处理率达100%。相关经验在全省垃圾分类知识培训会上被推广，并列入住建部46个重点城市经验汇编，获得了住建部认可。2020年10月31日，福州垃圾分类“三端四定”工作经验被新华社报道，并在中央人民政府网刊登。在2021年第四季度住建部垃圾分类考评中，福州位列全国大城市第一档（第5名）。

第七节　建设“海上福州”

“绿水青山就是金山银山”“保护生态环境就是保护生产力，改善生态环境就是发展生产力”这些重要论述深刻阐明生态环境保护与经济社会发展的辩证统一关系。2014年11月，习近平总书记到福建平潭考察，他在考察期间强调：“优良的生态环境是平潭的‘真宝贝’，不能毁了‘真宝贝’，引来一些损害环境的‘假宝贝’。”[①]

一、“海上福州”战略构想的提出

基于对世界经济发展格局和趋势的深刻洞察，习近平同志强调，“福州的优势在于江海，福州的出路在于江海，福州的希望在于江海，福州的发展也在于江海”。[②] 1992年，习近平同志在福清调研时提出了

① 《习近平在福建平潭考察》，新华网2014年11月2日。

② 《始终与人民心心相印　习近平同志在福建践行群众路线纪事》，《福建日报》2014年10月30日。

建设“海上福州”的思路。提出要以海岸建设为依托，以海岸带、海域开发为主攻方向，实行海岛、港湾、大陆架、滩涂、近海、外海、远洋统筹兼顾，全方位立体式综合开发，推动种植业、养殖业、捕捞业、加工业和海洋高科技产业的协调发展，全面振兴海洋经济，建成“海上福州”。

在经过充分调研和论证的基础上，1994 年 6 月 12 日，福州市正式出台了《关于建设“海上福州”的意见》，明确提出了建设“海上福州”的发展思路、布局框架和战略开发的重点，第一次以全局的眼光、全新的理念谋划、推动福州海洋经济和区域经济社会发展，成为我国沿海城市发出“向海进军”的最早宣言。

二、“海上福州”战略构想的深刻内涵

（一）总体布局

总体布局以海岛建设为依托，以海岸带开发为重点，以海洋的综合利用为突破口，实施海洋开发的“三个一”工程，即抓好一点一线一个面的开发建设，使岛、岸、洋形成有机联系的整体，全面提高综合开发的经济效益和社会效益。

1. 抓好一个点，就是努力发挥沿海岛屿的多种开发利用功能。依据各个岛屿的地理位置、资源条件和自身功能，有目标、有重点地开发建设海洋牧场、大陆岛桥、自由贸易岛、度假旅游区、科学试验场、海产品加工区等，使规模较大的岛屿成为集旅游、贸易、科研、生产、加工为一体的多功能、综合性的开发基地；小型岛屿成为各具特色的“海中乐园”。集中力量加快平潭、琅岐、江阴、粗芦、川石等基础条件较好的岛屿的开发建设进度。

2. 建设好一条线，就是全线开发海岸带。从南到北，沿海岸线，以海港、机场为依托，实行传统海洋产业和新兴海洋产业有机结合，协调发展。海岸带中部以马尾开发区和马尾港区、长乐国际机场为轴心，以建设国际机场和马尾新港区二期工程为契机，带动建筑、旅游业，发展第三产业，促进周边地区发展。海岸带南部以融侨开发区、元洪投资区和松下港为支柱，加快开发，发展起点高、技术资金密集的项目，形成实力雄厚的港口工业区。同时，以松下深水大港为中心，联结高速公路和国际机场，形成立体交通集散网络，建设港口海运中转基地。海岸线北部，连江、罗源等沿海地区发挥渔业优势，耕海牧渔，建设全国性的海洋水产贸易基地。从西向东，由陆域伸向海洋，坚持山海综合开发为主，资源开发与环境保护并重的多层次立体开发。大陆岸线，发展港口、矿业、创汇农业、林业、旅游业、加工业、船舶工业；潮间带滩涂发展水产养殖、盐业、电业；沿海发展捕捞渔业、海运业、海洋生化工业。

3. 拓宽一个面，就是全面发展海洋经济，开发海洋“聚宝盆”。既做海岸文章，也做海上文章；既做海面文章，也做海底文章。海岛、海岸、近海、远海一起开发，渔、农、林、矿、港、运同时发展，船舶、旅游、生物、医药、化工、能源综合利用，努力拓展海洋开发的广度和深度，全面提高海洋开发的综合效益。

（二）总体目标

建设“海上福州”的总体目标是：用6年时间即到2000年，海洋产业总产值闯过百亿元大关，使之成为国民经济的支柱产业之一；再用10年时间，即到2010年，使全市的海洋产业总产值达650亿元，把闽江口金三角经济圈的沿海地带和广阔海域建成海水养殖和海洋工业高度发达，港口经济和运输业实力雄厚，海岸经济、滨海旅游、商业贸易兴旺的繁荣地带和海域。

（三）明确任务

为了加快“海上福州”的建设步伐，当时海洋开发的重点是搞好五大基地建设。

1. 建设港口海运基地。加强港口和海运业的建设。兴建松下、长安、定海、罗源等深水大港。以港口为中心，大力发展与港口海运相关的产业，如进出口贸易、转口贸易、原材料加工和造船、修船、仓储等临港产业，增强港口的流通功能、加工功能、储存功能和服务功能。

2. 建设海洋农牧基地。要发挥海洋资源优势，做好耕海牧渔这篇大文章，积极推广运用海洋生物技术，建立一套海水养殖与增殖渔业相结合的新的生产方式，推动传统的海洋养殖步入海洋农牧化阶段。发展远洋捕捞。

3. 建设滨海旅游基地。一是开发平潭岛。二是开辟滨海旅游区。如长乐沿海、定海、罗源湾等观光、度假、休养旅游区。三是开拓新的滨海旅游项目，如冲浪、滑沙、航空、航海、钓鱼、潜海以及渔村避暑等。四是联结新的旅游线路，如山海旅游、江海旅游等。

4. 建设海洋工业基地。要大力发展以海洋资源为基础的工业。依靠港口和开发区、投资区，发展深加工、精加工的增值工业。依靠海洋资源发展海洋工业，如海底矿藏采掘、海上运输、海产品加工和船舶修造，以及海洋化工、海洋生物、海洋药物等新兴产业。配套发展沿海能源和机械、电子工业，以及与海洋开发密切联系的海底勘探、开采等先进技术设备工业。

5. 建设对台经贸合作基地。积极推动两岸经济的交流与合作，继续抓好马尾新港区客运码头的配套设施建设。

三、“海上福州”战略构想在福州的传承与发展

“海上福州”战略构想提出以来，历届市委、市政府始终贯彻落实“海上福州”建设的战略目标，相继出台和实施了一系列政策措施，推动福州由滨江型城市向滨海城市跨越。

（一）战略贯彻实施阶段（1997—2011年）

1998年11月1日，中共福州市第七届委员会第十次全体会议通过了《关于贯彻〈中共福建省委关于进一步加快发展海洋经济的决定〉的实施意见》，制定的基本目标是：力争到2000年，全市海洋经济增加值突破100亿元（1990年不变价，下同）；到2005年，海洋产业增加值突破300亿元；到2010年，海洋资源开发利用较为充分，海洋产业体系基本成型，海洋产业增加值突破500亿元；各项经济指标位居全国沿海开放城市前列，把闽江口沿海地带海洋水产、海洋工业、港口运输、海洋高新技术产业、滨海旅游、商业贸易提高到一个新水平，建设一个繁荣昌盛的“海上福州”。

2001年，成立了福州市海洋开发管理领导小组。2002年，组建了福州市海洋与渔业局，首次召开全市海洋经济工作会议，提出了建设福州市海洋经济强市战略构想。

2005年，《中共福州市委关于制定福州市国民经济和社会发展第十一个五年规划的建议》第一次将发展海洋经济单列出来。

2006年，在全省九地市中，福州市率先审议通过了《中共福州市委、福州市人民政府关于加快建设海洋经济强市的决定》，并制定《福州市“十一五”建设海洋经济强市专项规划》，明确提出要推进福州由资源大市向海洋经济强市跨越，继续大力推进“海上福州”建设。

2007年，市委、市政府出台《关于实施“以港兴市”战略，推进“南北两翼”发展的意见》，对加快港口建设、优化港区功能、发展临港经济等作了专项部署。

2011年，市委九届十八次全会通过的《福州市委、福州市人民政府关于进一步贯彻落实〈海峡西岸经济区发展规划〉的实施意见》中，提出要进一步推进海陆联动，做大做强港口群和海洋经济。2011年，福州市第十次党代会提出，要坚持海陆统筹、开发联动，深入推进海上福州建设，加快培育海洋新兴产业，增强海洋经济实力，建设海洋经济强市。

（二）战略深化阶段（2012—2022年）

2012年4月，福州市委、市政府出台了《关于在更高起点上加快建设“海上福州”的意见》，意见指出：坚持陆海统筹、合理布局，科学有序推进海岸、海岛、近海、远海开发，着力构建“一带一核两翼四湾”的海洋开发新格局。努力将福州建设成为具有国际影响力、国内一流的海洋经济强市，基本实现再造一个“海上福州”。2012年8月，福州市委十届四次全会出台了《关于加快建设“海上福州”的配套政策措施》，提出海陆统筹、江海联动、体制创新、立足海西、连接两岸、面向世界，再造一个“海上福州”的宏伟蓝图。

2013年9月，福州市委、市政府出台《关于全力推进福州新区开放开发在更高起点上加快建设闽江口金三角经济圈的意见》。

2016年11月，福州市委、市政府印发的《对接国家战略建设“海上福州”工作方案》提出：加快建设海洋强市，力争成为21世纪海上丝绸之路建设的排头兵、“一带一路”互联互通重要门户枢纽、两岸海洋交流合作主通道、实施海洋强国战略领军城市、国家海洋经济创新发展示范城市、东亚现代海洋渔业贸易中心、世界海洋历史文化名城，加快形成“一轴串联”“四湾联动”“全域共建”的“海上福州”发展新格局。

2021年1月，福州市委、市政府出台《坚持“3820”战略工程思想精髓加快建设现代化国际城市行动纲要》，提出打响“海上福州”等五大国际品牌。

2022年1月，福州市人民政府印发了《福州市“十四五”海洋经济发展专项规划》，对“十四五”期间推动福州海洋经济的高质量发展做出了全方位的部署。

四、建设“海上福州”的主要成效

多年来，历届市委、市政府一以贯之地推进“海上福州”建设，强有力地推动福州海洋经济蓬勃兴起。如今，福州市有力推动了城市东扩南进、沿江向海发展，推动省会福州由滨江型城市向滨海型城市跨越，福州港由河港向海港发展，工业经济向以江阴、罗源湾两大港区为重点的南北两翼集聚。蓝色梦想踏浪前行，正不断赋予“海上福州”建设新的内涵。“开海兴榕、经略海洋”，福州海洋经济风生水起，海洋实力逐步增强，远洋捕捞、海产养殖等多项指标居全省乃至全国前列。

（一）海洋基础设施建设扎实推进

福州港航线已通达世界40多个国家和地区，生产性泊位增至186个，其中万吨级以上深水泊位56个。立体交通网络不断完善，福州机场已开通航线113条，包括国际航线20条、地区航线6条、国内航线87条；新增候机楼面积7.9万平方米、停机位26个，新增保障能力1000万人次。集疏运体系建设加快构建，2020年全市沿海港口货物吞吐量2.49亿吨，比增17.1%，居全国港口第16位，集装箱吞吐量352万标箱。

（二）海洋先进制造业初具规模

海洋先进制造业已形成化工新材料、化纤产业、钢铁冶金、食品产业集群，成为全市工业的重要增长极。（1）化工新材料产业集群依托福清江阴港化工新材料专区、连江可门经济开发区加快发展。2020年化学原料及化学制品制造业完成产值445.9亿元，增长2.4%。（2）化纤产业集群。长乐滨海工业区、临空经济区化纤产业集群已成为福建省重点培育的千亿产业集群之一，化纤产业集群被列为国家级功能性新材料产业集群。2020年化学纤维制造业完成产值1058亿元，增长6.5%。（3）钢铁冶金产业集群。罗源湾经济开发区和松下港区钢铁基地，利用临港优势，促进钢铁产业高质量发展。2020年钢铁产业产值达733亿元，增长12.7%。（4）食品产业集群。线上平台全球（元洪）食品数字经济产业中心、元洪在线B2B跨境电商平台建成投用，入驻采购商250多家、供应商310多家。马尾、连江经济开发区和福清龙田开发区，已形成以名成集团、百鲜食品、坤兴海洋、东盛水产、海壹食品、百洋食品、海欣食品等企业为龙头的水产品加工产业集群。2020年农副产品加工业、食品制造业完成产值1030亿元。

（三）海洋新兴产业加快发展

以海洋信息服务、海洋新能源、海洋生物医药、海洋装备制造为代表的海洋新兴产业发展持续向好。坐落于长乐滨海新城核心区的达华卫星互联网产业园正在加快建设，已有多家卫星终端智造公司签署入驻战略合作协议，“福建省海洋信息 网络综合系统”项目入驻东南大数据产业园；福清兴化湾、福清海坛海峡和长乐外海等多个海上风电场建设项目顺利推进，位于福清的福建三峡海上风电国际产业园集聚叶片厂、电机、塔筒等配套企业10家，打造全产业链海上风电研发中心和装备制造基地，2022年2月我国首台13兆瓦抗台风型海上风电机组在福建三峡海上风电产业园顺利下线；人工骨材料、藻蓝蛋白功能食品、新一代鲎试剂、抗冻蛋白肽等一批新型海洋产品开发成功；深海采矿船、海洋救助船、大马力工作拖船、海洋供应船等一批高附加值船舶建造技术达到国际领先水平。

（四）滨海旅游业提质升级

依托船政文化、昙石山文化、郑和文化等特色海洋文化资源，充分挖掘滨海地貌生态自然资源，积极打造海峡旅游品牌，加快发展以“两马”（马祖、马尾）、环马祖澳旅游区为载体的对台旅游；高标准规划建设船政文化城、昙石山特色风貌区、琅岐国际生态旅游岛、连江粗芦岛龙沙滨海旅游度假村，加快打造特色滨海旅游区、休闲度假区。

当前，福州正持续践行“绿水青山就是金山银山”的绿色发展观，大力推进“海上福州”战略部署，努力打造“海洋强市”，深度融入“21世纪海上丝绸之路”建设，一方面加快海洋资源开发，另一方面注重保护海洋生态。在海洋环境污染治理方面，取得了亮眼成绩，例如，

2020年福州市生态环境局与中国联通合力打造的海漂垃圾视频监控网络正式上线，标志着福州建成全国首套海漂垃圾视频监控网络体系。为进一步贯彻落实海漂垃圾综合治理工作要求，2022年，福州市把海漂垃圾综合治理工作列入为民办实事项目，印发了《福州市2022年海漂垃圾综合治理为民办实事项目实施方案》。2022年6月，福州市生态环境局等五部门印发了《福州市“十四五”海洋生态环境保护规划》，该规划统筹谋划了“十四五”时期海洋生态环境保护目标指标、重点任务和重大工程，以高起点、高质量服务支撑“海上福州”建设。2021年，生态环境部首次开展美丽海湾优秀案例征集活动，共筛选出8个美丽海湾案例，福州新区滨海新城岸段为其中之一，入选提名案例，其主要做法、治理成效、经验启示等已在生态环境部微信公众号的“走近美丽海湾”栏目进行展示推广。

第八节　重视城乡统筹发展

经过多年发展，琅岐基本形成了“一区三基地”的现代果蔬发展新格局，是全市乃至全省的“菜篮子”。多年来，永泰县加快建设现代化绿色发展先行区，努力推动乡村振兴、全域旅游、生态文明在省市当龙头、走前列、作示范，探索出了一条山区县、农业县、生态县在绿色发展理念指引下的后发赶超之路[①]。

① 参见《永泰：山水共融厚植生态底色挥毫泼墨绘就绿色画卷》，《福州日报》2022年5月25日。

第九节　碳达峰碳中和的福州实践

随着经济社会的不断发展，特别是工业化、现代化进程的推进以及人口激增、化石能源大量使用，生态环境问题逐渐凸显，大气中温室气体不断增加，导致地气系统吸收和发射能量不平衡，温度上升，全球变暖。全球变暖使极端高温、极端降雨、极端干旱等气象灾害频发，严重威胁人类的生产和发展。应对温室效应和全球气候变暖问题，已成为世界各国共同的挑战。2015 年发布的《巴黎协定》提出“到本世纪末把全球平均气温较工业化前水平上升幅度控制在 2℃以内，并努力把温升幅度限制在 1.5℃以内”目标。在《巴黎协定》签署 5 周年之际，在 2020 年 9 月 22 日召开的第 75 届联合国大会一般性辩论上，中国向全世界宣告中国争取在 2030 年之前实现二氧化碳峰值——碳达峰，并在此基础之上，力争在 2060 年前达到碳排放与碳汇均衡状态实现碳中和。实现碳达峰、碳中和是党中央经过深思熟虑做出的重大战略决策。2021 年 3 月 22 日至 25 日，习近平总书记在福建考察时强调，要把碳达峰、碳中和纳入生态省建设布局，科学制定时间表、路线图，建设人与自然和谐共生的现代化。

目前，福州市生态环境规划院和省环科院已在抓紧编制福州市碳达峰碳中和行动方案研究项目，针对福州市碳达峰现状、目标、达峰年预测、重点任务等碳达峰核心内容进行研究探讨。参照国家、福建省碳达峰相关指标设定情况，福州市将碳达峰目标分解为2025年目标及2030年目标。具体包括：到2025年，非化石能源消费比重力争达到33%左右，森林覆盖率达到58.5%，森林蓄积量达到5250万立方米，单位GDP能源消耗和单位生产总值二氧化碳排放（预计19.5%）确保完成国家下达目标，为实现碳达峰碳中和奠定坚实基础；确保2030年实现碳达峰，并力争提前实现。到2030年，非化石能源消费比重力争达到42%，单位GDP二氧化碳排放比2005年下降超过65%，森林覆盖率达到58.6%以上，森林蓄积量达到5425万立方米。根据《中共中央国务院关于完整准确全面贯彻新发展理念做好碳达峰碳中和工作的意见》和《2030年前碳达峰行动方案》有关要求，福州市坚决把碳达峰碳中和贯穿于经济社会发展全过程和各方面，形成推动经济社会低碳转型、深度调整产业结构、构建清洁低碳安全高效能源体系、工业领域碳达峰行动、加快推进低碳交通运输体系建设、提升城乡建设绿色低碳发展质量、循环经济助力降碳行动、加强绿色低碳重大技术科技攻关和推广应用、持续巩固提升碳汇能力、绿色低碳全民行动等重点任务，努力探索绿色发展新路，为实现碳达峰及碳中和目标打下基础。

一、发展绿色技术，构建现代产业体系

近年来，福州市大力发展绿色低碳技术，深入实施绿色产业指导目录，大力发展绿色高效生态安全农业，推动城区产业“退二进三”“退城入园”，引导高耗能、高排放产能有序退出，加快推进产业链提升工程、战略性新兴工程，强化节能减排，开展重点用能单位“百千万”行动，实施重点行业企业和市级以上园区的循环经济改造、系统节能改

造。在推进“百千万”行动的同时，福州市不断优化产业结构，重点发展科技含量高、资源消耗低、环境污染少的高端制造、智能制造等先进绿色制造业，培育壮大电子信息、机械装备、生物医药、新材料、新能源等绿色产业集群，加快构建现代产业体系。众所周知，海上风电是全球重要的清洁能源。位于福清江阴港经济区的福建三峡海上风电国际产业园，充分发挥海上风电事业的引领带头作用，引进并聚集国际国内知名的五家海上风电设备制造企业，形成了集风机、电机、叶片、钢结构等完整的产业链，具备年产 200 万千瓦以上的风机及主要零部件研发、生产、配送、售后服务等能力。并且，福建三峡海上风电国际产业园还将“绿色”与“智能”的理念融入经济发展中，利用自身的清洁能源产业优势，规划建设了融屋顶光伏系统、风机系统、储能及微网控制系统为一体的智能微网系统，其中光伏系统、风机系统全部投运后年平均产生的绿色电量为 5360 万千瓦时，相当于每年节省标煤近 6590 吨，减少碳排放量约 3.8 万吨。同时，为提高园区清洁能源的使用效率，福建三峡海上风电国际产业园大力建设水蓄冷系统、能源管理系统，实时捕捉碳排放足迹。经过节能、减排、碳汇等不懈努力，2021 年 5 月 28 日，由北京绿色交易所和北京鉴衡认证中心分别向福建三峡海上风电国际产业园颁发“碳中和”证书，这标志着其在园区内部实现碳排放与消除自我平衡，成为全国首个实现“碳中和”的工业园区。

未来，福州将立足风电资源优势，加快更大容量的海上风电机组研制，助推福州能源产业转型升级，为中国实现碳达峰、碳中和目标贡献更多力量。

二、建设绿色城市，增加生态系统碳汇

福州绿色资源基础条件优势突出，拥有丰富的海洋资源和森林资源。2021年，福州市全年优级天数240天，同比增加35天，6项污染物指标均达到国家二级标准，臭氧、二氧化氮、二氧化硫、一氧化碳浓度均不同程度同比改善10%～20%。2021年，福州市空气质量排名、综合指数、优良率、优级天数比例均创下近些年最好成绩，并且完成了锅炉炉窑治理、钢铁行业超低排放改造、重点行业VOCs（2.0版）治理年度任务。2022年1—5月，福州空气质量综合指数3.04，在全国168个重点城市排名第七，空气优良天数比例99.3%，整体生态环境质量位居全国前列，展现了福州市所具有的强大环境发展优势。在碳达峰、碳中和目标的引领下，福州大力提升绿色资源利用水平和利用质量，引导“绿碳”提质增效。一方面，福州市积极开展“绿进万家、绿满榕城”行动，配合二环沿线、南江滨东大道、林浦路、后坂路等重要线路的绿化景观提升，街头、河边、社区的零散地块陆续改造为街头小公园，全市累计建设各类小公园1202个、总面积493万平方米的15个生态公园，让人均公园绿地面积提高到15.3平方米，推窗见绿、出门见园成为市民的日常体验，不出远郊就可以来一场“森林浴”。另一方面，鼓励全民义务植树，加快增绿步伐。城市绿化是城市生态系统的一部分，在净化空气质量、保持生态平衡方面发挥着积极作用，因此，提高城市绿化覆盖标准、构建城市森林系统、加快建设生态绿廊等新型城市绿化项目是实现碳达峰碳中和的重点工作。每年植树节前后，福州市组织了多场种植活动，市民志愿者报名参与，可累积绿色积分兑换绿植

带回家。一棵棵绿树在志愿者的努力下安了家，将街头小公园打造得生机盎然。从种大树、增绿荫，到造公园、建绿道，福州在有限的城市空间尽力拓展绿色用地，同时鼓励市民参与绿化建设，让绿意延伸至千家万户。“森林入城”不仅让福州绿意更浓，也提升了生态系统碳汇增量。“十三五”期间，福州市造林绿化32600平方米，森林覆盖率达58.36%，争取在“十四五”期间提升至58.5%。

三、实施绿色行动，加快推进低碳发展

第一，大型活动实现碳中和。2020年10月，第三届数字中国建设峰会举办期间，福州首次实现了大型会议碳中和。第三届数字峰会碳排放量872吨，通过购买顺昌县国有林场872吨林业碳汇，在海峡股权交易中心进行交易实现会议碳中和，并由海峡股权交易中心出具第三届数字峰会会议碳中和证明。在第三次数字中国建设峰会期间，福州空气质量保持优良水平，其中颗粒物浓度达到了优级水平。2021年4月26日，福州市举行了第四届数字中国建设峰会碳中和签约仪式，并由海峡股权交易中心向第四届数字中国建设峰会组委会、福建省永泰大湖国有林场颁发“碳中和”证书。第四届数字中国建设峰会组委会与福建省永泰大湖国有林场签订了《第四届数字中国建设峰会碳中和协议》。根据协议，永泰大湖国有林场新造林地128000平方米，作为峰会的碳中和用林，用于抵消会议碳排放。同时，组委会尽可能通过集中出行、使用节能灯具、节水设备、数字化无纸化等方式来降低峰会期间碳排放，并委托福建金森碳汇科技有限公司作为核算方，核实碳中和林的造林面积、固碳总量以及对本次峰会进行温室气体排放核算。数字峰会碳中

和，不仅对全市大型活动碳中和起到示范和推动作用，也促进林业碳汇市场建设。为全面落实福州市林业碳中和工作，福州市生态环境局和福州市林业局也以此次会议碳中和为契机，建立市域内碳中和、碳达峰领域合作机制，统筹推进重大活动碳中和工作，开展碳中和创新服务研究。2021 年 7 月 23 日，第 44 届世界遗产大会（以下简称“世遗大会”）碳中和启动仪式在福州海峡国际会展中心举行。第 44 届世界遗产大会福州市工作领导小组筹备办与福州市生态环境局共同启动“会议碳中和”工作。世遗大会福州市筹备办与泰宁县杉阳山区综合开发有限责任公司签订第 44 届世界遗产大会碳中和协议，并由海峡资源环境交易中心向世遗大会福州市筹备办颁发“碳中和”证书。福州市生态环境局委托第三方中环联合（北京）认证中心有限公司进行了专业测算，第 44 届世遗大会将会产生约 200 吨二氧化碳排放。世遗大会福州市领导小组筹备办决定向泰宁县杉阳山区综合开发有限责任公司购买大田乡北斗村泊竹坑山场约 13 万平方米林地产生的 300 吨林业碳汇，用于抵消本次会议碳排放，从而实现第 44 届世遗大会会议碳中和。2022 年，全国低碳日福建主场活动碳排放量 2.53 吨，通过现场植树和福州耀隆化工集团公司捐赠的福建省碳排放交易配额，在海峡股权交易中心进行交易实现活动碳中和，并由海峡股权交易中心出具 2022 年全国低碳日福建主场活动碳中和证明。这些大型活动碳中和工作，对引导全市形成“绿色活动”新风尚，同时促进林业碳汇市场建设，进一步带动林业碳汇自愿减排交易，对福州市持续开展低碳试点、探索创新福州碳达峰路径、进一步推动绿色高质量发展和生态文明建设具有重要意义。

第二，城市建筑迎来绿色提升。围绕推动节能减排课题，福州市大力推广机制砂生产应用和装配式建筑，新建民用建筑全面执行绿色建筑标准，更多的公共建筑也通过改造贴上“绿色标签”。2020年，福州市成为全国第二批装配式建筑范例城市，全市装配式建筑占新建建筑的建筑面积比例达25%以上。市中心的福建会堂通过照明升级、能耗监测等改造，仅3个月节能量就达59.1万千瓦时，综合节能率为27.5%。在推动区域化绿色发展、建设绿色城市上，福州市将编制绿色建筑专项规划，打通3个层次的绿色技术，即城市风道、海绵城市等城市级系统管控，生态城区的区域化绿色应用及建筑与小区层面的具体措施落实。在城市品质中，将尝试绿色技术的集成应用。完善创建阶段，除开展超低能耗和近零能耗建筑示范外，绿色城市管理提升也将提上日程，健全绿色建筑全过程闭合管理制度，提升建筑品质。

第三，出行交通织起绿色网络。福州市初步形成以轨道交通为骨干，常规公交为主体（公交站点500米覆盖率100%），特色公交、出租汽车、共享单车等多种方式为补充的公共交通网络。

四、利用政策手段，完善以双控为核心的监管机制

为全面落实党中央关于加快推动绿色低碳发展的决策部署，福州大力推进重点行业建设项目低碳减排。减排和节能二者关系密切、相辅相成，为此要全局谋划节能减排顶层设计，下好能耗双控和碳排放双控的一盘棋。2022年7月，福州市生态环境局制定并印发了《关于福州市重点行业建设项目碳排放环境影响评价的指导意见（试行）》（以下简称《指导意见》），这是全省首次将碳排放影响评价纳入建设项目环评管理。《指导意见》以低碳减排、节能降耗为目标，对电力、钢铁、化工、石

化、有色、民航、建材、造纸、陶瓷等九大重点行业建设项目环境影响报告书（表）编制、技术评估、审批等过程提出碳排放相关要求。《指导意见》提出，新建、改建、扩建重点行业建设项目在符合环境保护法律法规和相关法定规划的前提下，应满足区域环境质量改善、重点污染物排放总量控制、碳排放达峰目标和相关规划环评要求；重点行业建设项目环境影响报告书（表）应设置碳排放评价专章，专章包含建设项目碳排放现状调查与评价、碳排放预测与评价、碳减排潜力分析及建议等内容。根据《指导意见》，市环境影响评价技术中心开展重点行业建设项目环境影响报告书（表）技术评估时，应对上述内容进行评估，并提出具体评估意见；市、县生态环境局开展重点行业建设项目环境影响报告书（表）审批时，应衔接落实有关碳达峰行动方案、清洁能源替代、煤炭消费总量控制等政策要求，明确碳排放控制要求。

第十节　福州市生态系统价值核算及应用

一、背景介绍

（一）指导思想

为全面贯彻落实习近平生态文明思想，按照《中共中央关于全面深化改革若干重大问题的决定》《关于加快推进生态文明建设的意见》《生态文明体制改革总体方案》中建立生态效益评估机制、促进人与自然和谐共生的部署，以保障国家和区域生态安全、提升优质生态产品供给能力为目标，探索构建适用于福州市的GEP（生态系统生产总值）和GEEP（经济生态生产总值）核算体系，力争将“绿水青山”和“金山银山”统一到一个核算框架体系下，探索建立核算“进决策、进规划、进考核、进监测”的管理制度和模式，为进一步推进资源有偿使用、生态环境损害赔偿、领导干部自然资源资产离任审计、生态环保目标责任考核等工作奠定基础。

（二）基本原则

绿色发展原则：坚持以绿色理念引领发展，认真践行“绿水青山就是金山银山”理念，坚定不移走绿色发展之路，把绿色发展理念融入经济社会发展各方面、工作全过程，使绿色成为最美的底色。

资源定位原则：资源是人类社会赖以生存和发展的基础，不同区域的资源具有不同的主导结构类型，这种主导结构类型对区域的发展起着导向作用，资源与环境承载力是确定区域发展方向和发展规模的重要依据，遵循资源定位原则是实现绿色发展的重要保证。

基于生态系统管理原则：可持续性是生态系统管理的最终目标；维持生态系统的完整性、生态系统健康和生态安全是生态系统管理的操作性目标；人类是生态系统的一部分是生态系统管理倡导的重要理念，必须将人类的社会经济活动纳入生态系统管理的范围内，从而实现绿色发展。

（三）理论基础

1. 可持续发展理论。

在生态文明建设中，要做到使生态压力不超过生态承载力，即资源的再生速度大于资源的耗竭速度；环境容量大于污染物排放量；生态抵御能力大于生态破坏能力；环境综合整治能力大于环境污染恶化趋势，促进社会向经济繁荣、社会文明、环境优化、资源持续利用和生态良性循环的方向发展。

2. 生态资源价值理论。

要树立新的生态资源价值观，建立新的生态资源价值观念的国民经济核算体系。自然资源、环境容量、生态承载力和生态伦理道德等都是有价值的商品，人们恢复已被破坏的生态环境的支出、赔偿环境污染损失的费用以及生态环境补偿等都应当计算在资源价格体系中。通过科学分析和计算，正确反映出它们的真实价值和对国民经济产生的效果。在生态文明考核指标体系设计中综合考虑资源价值、生态成本、环境损失和生态补偿等方面的因素。

3. 生态经济学理论。

要在注重经济效益的同时，强调生态效益的重要作用，用循环经济取代线性经济，建立生态效益型的经济发展模式，实现经济效益和生态效益的统一。这是目前经济发展的最佳模式，是生态文明建设的主要目的之一，也是走可持续发展道路的正确选择。GEEP 则是代表生态效益型经济发展的指标，是减去生态破坏成本和环境退化成本后的经济生态净增长指标。

二、主要内容

（一）基本情况

根据福建省生态环境厅、福建省生态文明建设领导小组办公室《关于印发福建省推进生态系统价值核算工作方案的通知》和福州市政府办公厅《关于印发福州市生态系统价值核算试点工作方案的通知》要求，福州市生态环境局委托中国科学院沈阳应用生态研究所担任试点工作技术团队（以下简称“技术团队”），开展科研攻关，构建了一套涵盖六大生态系统（森林、湿地、草地、农田、城市、海洋）的福州市生态系统价值核算指标体系，对福州市及各县（市）区 2015 年和 2018 年生态系统生产总值（GEP）和经济生态生产总值（GEEP）进行了核算，建成了福州市生态系统价值核算系统平台，提出了生态系统价值核算结果的政策应用建议，形成了《福州市生态系统生产总值（GEP）核算报告》《福州市经济生态生产总值（GEEP）核算报告》《福州市生态系统价值核算系统》等 10 项成果，完成了省里下达的试点工作任务。

2020 年 12 月 7 日，经市政府批准，福州市在北京举办了“福州市生态系统价值核算”专家评审会并顺利通过验收。试点工作成果得到包含两院院士和国内生态价值核算领域权威专家在内的 11 位专家的高度肯定。福州市生态系统价值核算项目成果兼具综合性、创新性、引领性和示范性的特点，形成了生态系统价值核算“山—海—城”样板，建立了“同一区域可重复、不同区域可比较、不同地区可复制和可推广”业务化核算体系，具有重要应用价值。

生态系统价值包括两个部分：一是生态用地（即生态系统存量价值），具体包括森林、湿地、草地、农田、荒漠、海洋等生态系统类型及其附着的水资源、生物资源、海洋资源和环境资源等，可形象地将其概括成“生态家底”；二是生态系统服务（即生态系统流量价值），指生态系统产品、人居环境调节、生态水文调节、生态系统减灾、土壤侵蚀控制、物种保育更新和精神文化服务等，类似于银行资产所产生的利息，与经济生产中的GDP相对应，也被生态学家称为生态系统生产总值（GEP）。一般情况下，生态系统存量价值在一段时间内是基本稳定不变的，可通过生态资源状况来阐述，而生态系统流量价值是随时间变化的，所以生态系统价值核算主要指对生态系统流量价值（即生态系统生产总值）进行核算。

（二）福州市生态系统生产总值（GEP）核算体系

借鉴已有核算体系和研究成果，在国家环境经济框架的基础上，结合福州市自然社会经济的特点和目前GEP核算的进展，构建福州市GEP核算指标体系。科学量化福州市生态产品供给能力、识别生态环境不足与短板，为福州市生态环境质量改善、绿色发展和生态文明建设提供科学参考和决策支持，是落实国务院“把资源消耗、环境损害、生态效益纳入经济社会发展评价体系”的重要举措。

根据福州市生态系统的特点以及核算GEP的目标，结合当前可获取的数据特点，借鉴已有的研究成果，构建GEP核算体系。

首先，按照福州市土地利用类型划分各个陆地生态系统和海洋生态系统核算边界，其中，陆地生态系统分为自然（森林、湿地、草地）、半自然（农田）和人居环境生态系统（城市），城市生态系统以建成区为边界，边界以内的为城市生态系统。考虑到在GEEP等核算中涉及城市规划和管理对服务的贡献，因此在GEP核算中只考虑城市中的自然系统的服务。

其次，按照当前普遍采用的GEP核算体系，将福州市自然生态系统GEP核算分为生态产品供给、生态调节服务和生态文化服务三大类；为体现城市生态系统在改善人居环境中的作用及价值，将其为人居环境维持和改善的作用，如降低噪声和雨洪减排等功能纳入城市 GEP 核算。

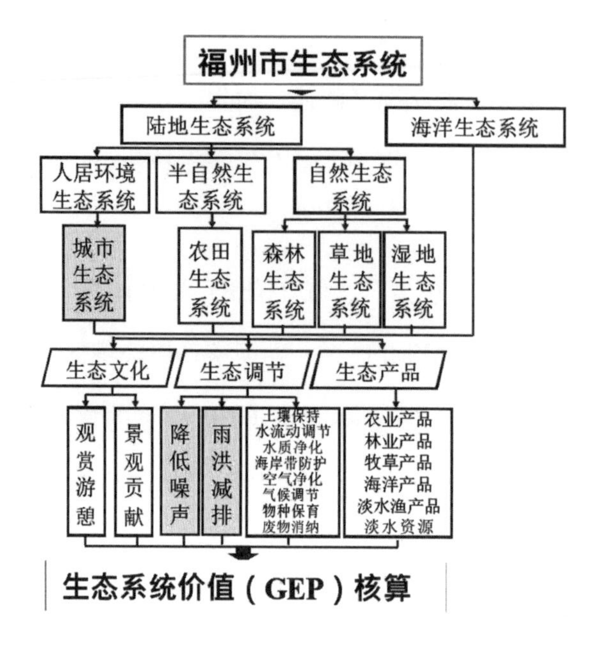

图 1—1　福州 GEP 核算框架体系

（三）福州市经济生态生产总值（GEEP）核算体系

福州市 GEEP 核算框架是在联合国 SEEA、王金南团队关于中国经济生态生产总值核算报告及相关国内外经验的基础上，根据福州市区域特征，结合当前可获取的数据基础，兼顾山海特点构建的以数量和质量、实物量和价值量、分类和综合相结合的原则，提出福州 GEEP 核算的主要指标。从实物量和价值量两个方面，构建福州市 GEEP 核算方法，并明确了技术要点。将福州市的“绿水青山”和“金山银山”统一到一个框架体系，为福州市生态文明建设考核体系的制定和相关政策制度设计提供理论与数据支撑。

经济生态生产总值的概念模型如公式所示：

$$GEEP = (GDP - EnDC - EcDC) + ERS$$

公式中，GDP 为经济系统生产总值；EnDC 为环境退化成本；EcDC 为生态破坏成本；ERS 为生态系统调节服务。

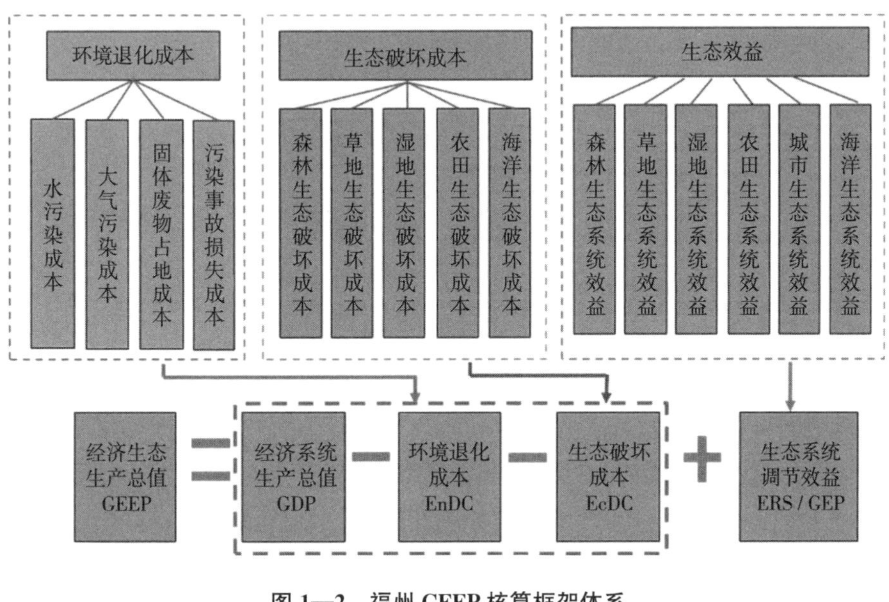

图 1—2　福州 GEEP 核算框架体系

三、应用建议

（一）核算价值

福州市作为生态系统价值核算试点地区具有以下四个方面的意义：一是摸清生态家底。将分散在各部门各领域的各类生态环境数据归集整合，实现山水林田湖草生态系统实物量的全方位、全口径调查。二是明确生态价值。绘制“一张图”，将生态环境基础数据转化为直观的生态系统“价值图”，使绿水青山有了“价值标签”。三是实现经济环境双赢。将生态系统价值核算成果加入 GDP 核算中，更全面地反映福州市的社会经济与生态文明发展水平，有助于实现生态环境“高颜值”，与经济发展“高素质”双赢。四是树立绿色政绩观。生态系统价值核算成果为今后开展领导干部自然资源资产离任审计、自然资源资产负债表编制、绿色发展绩效考核等工作提供数据支撑，进一步完善绿色指挥棒考核体系。

（二）试点成果落地应用情况

福州市印发了《福州市生态系统价值核算应用责任清单》和《福州市生态系统价值核算基础数据及责任部门》，推动试点成果落地应用。目前，福州市已将生态系统价值核算系统平台部署在市政务大数据平台，组织召开生态系统价值常态化核算的培训会，形成业务化核算能力。各部门按照《福州市生态系统价值核算应用责任清单》的责任分工，开展常态化生态系统价值核算，探索将核算成果纳入国土空间规划等相关规划编制，逐步建立基于生态系统价值核算结果的考核指标纳入高质量发展综合绩效评价体系等相关目标考核体系，推动核算结果纳入领导干部自然资源资产离任审计内容，作为干部选拔任用和问责追责的重要参考，为生态环境保护决策提供依据。

（三）核算结果的应用建议

1. 将核算结果纳入项目决策。

2018 年修订的《中华人民共和国环境影响评价法》和 2009 年的《规划环境影响评价条例》明确提出，要对土地利用的有关规划、工业、农业、畜牧业、林业、能源、水利、交通、城市建设、旅游、自然资源开发的有关专项规划进行环境影响评价，重点分析、预测和评估规划实施可能对相关区域、流域、海域生态系统产生的整体影响。努力探索将 GEP 和 GEEP 纳入战略环境影响评价，有助于在系统安排区域建设和重大产业项目管理时，从决策源头控制生态环境问题，真正实现尽早介入、预防为主。

探索生态财富向物质财富转化路径，对自然生态系统提供的产品供给和文化旅游服务，较为容易实现市场交易。因此，对于这类生态产品的价值实现途径，关键在于如何提升和扩展其市场。随着人类物质和精神产品的极大丰富，消费者越来越意识到生态环境的重要性，更多地倾向于选择生态产品。对此应顺势而为，按照“要结合推进供给侧结构性改革，加快推动绿色、循环、低碳发展，形成节约资源、保护环境的生产生活方式”[①] 要求，利用生态系统本身所体现出的独特性和稀缺性，增加生态产品的有效供给，提升生态系统物质产品和文化旅游服务的价值，打好“生态牌”“绿色牌”。通过建立推广生态标识制度、引导公众生态友好的消费理念、依靠科技创新发掘生态产品、培育拓展生态文化旅游服务产业来实现价值转化。

生态系统所提供的生态调节服务十分重要又无处不在，如水源涵养、净化水质、防止水土流失、维持野生动物栖息地等。与生态系统的产品供给和文化旅游服务相比，生态调节服务功能在通常条件下很难转化为经济价值。尽管如此，在科学合理的社会经济制度设计下，还是能够通过市场和政府这“两只手”推动其价值实现。利用核算结果来建立生态补偿机制、培育生态产品交易市场。

2. 将核算结果纳入规划制度设计。

明确制度设计的标准和基线。针对森林、湿地、草地、农田、海洋等领域及重点生态功能区的各自特点，分别制定生态补偿标准，形成系

① 《习近平谈治国理政》第 2 卷，外文出版社 2017 年版，第 393 页。

统的生态补偿标准体系。建议生态环境部门明确并统一生态标准和计算生态服务价值核算方法，积极探索定量化的生态补偿评价体系，实现单位面积价值量与生态补偿挂钩的精细化管理。实施期间，根据保护效果、政府财力、社会经济等情况进行调整。

完善生态保护红线监管指标体系。生态红线是保障和维护国家生态安全的底线和生命线，有利于维持生态平衡、保护生物多样性、支撑经济社会可持续发展。习近平总书记指出："要牢固树立生态红线的观念。在生态环境保护问题上，就是要不能越雷池一步，否则就应该受到惩罚。"①《关于加快推进生态文明建设的意见》明确要树立底线思维，设定并严守资源消耗上限、环境质量底线、生态保护红线，将各类开发活动限制在资源环境承载能力之内。生态红线是一个完整的体系，包括环境质量的底线、资源利用的上限、生态功能的基线。在实践操作中，耕地、森林、湿地、物种等，都有明确的红线指标。建议生态环境部门将生态系统价值核算体系中的生态服务功能融入《生态保护红线监管指标体系（试行）》中。

完善政策规划设计体系。在全社会确立"生态有价"的观念，是推动生态产品价值实现的首要前提。科学合理的生态资源利用政策，是生态产品价值实现的重要基础。扩大生态产品实物供给和产出空间，政府主管部门要制定实施扩大生态产品实物供给和产出空间的政策措施。统一规范的市场交易政策，是扶植生态产品实现经济价值的关键措施。

① 《习近平谈治国理政》，外文出版社2014年版，第209页。

3. 将核算结果纳入生态文明考核。

为更好地体现福州市生态文明考核兼顾资源环境可持续性、资源承载力和环境容量，本项目建议考核指标要基于福州市生态系统价值核算框架体系和核算结果分析，剔除因降雨、温度、气压、风速等自然不可控因素影响的指标，筛选出人为因素影响的指标。有关部门在运用福州市生态系统价值核算结果完善相关目标体系、考核办法、奖惩机制时的参考指标，由有关部门自主选择采用。

生态文明考核结果的运用是考核工作的关键，是发挥“绿色指挥棒”作用的重要手段。当前，强化生态文明考核结果的运用，应建立和完善考核结果与“仕途、名声、实惠、责任”的四结合机制。

4. 将核算结果纳入生态监测体系。

中共中央国务院《关于加快推进生态文明建设的意见》中明确要求加强生态文明建设统计监测，“健全覆盖所有资源环境要素的监测网络体系”“加快推进对能源、矿产资源、水、大气、森林、草原、湿地、海洋和水土流失、沙化土地、土壤环境、地质环境、温室气体等的统计监测核算能力建设”。福州市 2019 年开展 GEP 和 GEEP 核算，包括自然生态系统为人类福祉所提供产品与服务的价值，通过城市规划、城市管理、城市建设等方式对人居生态环境进行维护与提升所创造的生态价值，因水污染、大气污染和固体废物侵占污染造成的环境退化成本，以及因人类不合理利用导致的生态破坏成本。未来，通过 GDP、GEP 和 GEEP 的三核算、三运用、三提升，形成政府的决策指引和行为约束。对于福州市 GEP 和 GEEP 核算，要最大限度地利用现有各部门监测能力，将缺项指标纳入各部门常规监测体系中，保障核算工作的严谨性和准确性。同时，建议将 GEP 和 GEEP 核算结果纳入福州市统计年鉴中。

资源环境调查、监测数据是客观评价资源利用效率、环境质量状况，反映生态文明建设成效、实施监督管理与决策的基本依据。通过调查、监测、评价，摸清生态系统基本状况，掌握生态系统服务情况，为生态产品价值实现提供数量、质量和分布等基础信息。依据福州市资源的赋存条件和特点，建立森林、湿地、草地、农田、城市、海洋六大生态系统和环境退化、生态破坏两大基础性数据库，搭建 GEP 和 GEEP 核算的系统平台。加强资源环境调查、监测、统计、信息管理平台等基础能力建设，加强大数据、人工智能、卫星遥感等高新技术的应用，对资源环境监测活动实施全程监控，提高基础数据的科学性、准确性和及时性。加强部门间协作，健全自然资源基础信息平台、生态环境监测网络和基础信息数据库，实现信息资源共享。全面建立资源、环境监测数据质量保证责任体系，完善调查监测数据弄虚作假防范和惩治机制。

第二章　打造山水城市　乐享生态福祉

——福山郊野公园、福道现场教学

第一节　教学目的

党的十八大以来，以习近平同志为核心的党中央站在新的历史方位，为推动生态文明建设，作出了一系列重要论述和全面部署。

本次现场教学通过实地参观福山郊野公园、福道公园，让学员了解福州在改善人居环境、优化城市生态方面的实践，领略“山水城市”的美好风光，学习“良好生态环境是最公平的公共产品，是最普惠的民生福祉”的重要理念，进而不断深化对习近平生态文明思想的理解和把握，共建生态福州、美丽福州。

第二节　背景资料

福山郊野公园位于福州城区西北部、闽江东侧，公园环绕着福州软件园与福州大学铜盘校区，通过步道串联起周边大腹山、五凤山和科蹄山等山体，站在高处可俯瞰半个福州城。整个公园环山抱水、临江揽城，形成了一个以看山看水看城为特色，服务周边社区 20 多万人口的大型城市郊野公园。

公园按照“三山四轴三十六园”来规划设计，用串珠的形式，通过三个环山绿道系统和四条主轴线的健身步道，将沿线的36个重要景观节点串联起来，包括祈福台、福源、桃花潭、卧牛潭等主要景观节点，形成“园中有园、园中有城（软件新城）”的整体格局。

福山郊野公园分为三期规划建设，现已建好两期，建成生态公园约200万平方米，步道总长约20公里，大型主出入口7个。其中一期于2017年初建成开放，步道长约5公里，二期于2020年10月全线贯通，步道长约15公里。公园建设以保护原生态自然植被、展现山林乡野风貌为主旨，以服务群众的休闲体验活动为核心，突出“生态、便民、健身、休闲、共建、共享”的特色，为广大市民提供了登高览城、休闲健身、沐浴山林、自然清新、体验山野游乐的好去处。

福道即福州左海公园——金牛山城市森林步道，是我国首条悬空钢架城市森林栈道。福道规划总长约19公里，主轴线长6.3公里。福道的设计坚持“福荫百姓，道法自然”理念，以“览城观景、休闲健身、生态环保”为目标定位，以“一轴三片五点”为总体规划，构建市中心特色山水休闲慢行系统。所谓“一轴”，即左海公园——国光公园主轴；“三片”，即左海片区、梅峰片区和闽江片区；“五点”，即连接5个公园节点，分别为左海公园、梅峰山地公园、金牛山体育公园、国光公园及金牛山公园。空中步道如飘带穿越森林、湖泊、公路，并将林中如杜鹃谷、樱花园、双拥公园等十余处自然人文景观串联在一起，是一条依山傍水、与生态景观融为一体的城市休闲健身走廊。福道对改善人居环境、满足广大群众休闲健身需求、提升省会城市整体形象和品位具有重要的意义。

福道于2015年初动工，2017年底全线贯通。主体采用空心钢管桁架组成，桥面采用格栅板，缝隙控制在1.5厘米以内，按照1∶16无障碍通行的标准设计施工，步道钢构件安装采用“桥面吊机滑行安装”工艺，最大限度保护生态环境。福道全程配有Wi-Fi连接、背景音乐、一键呼叫、触摸信息屏等智能设施，2020年被评为国家AAA级旅游景区。

第三节　教学内容

一、福山郊野公园

（一）福山郊野公园的介绍

1. 地理位置。福山郊野公园位于福州城区的西北部，是近年来福州市委、市政府为民办实事打造的一个大型山体休闲公园。公园位置比较好，距离市中心比较近，周边就是铜盘、梅峰、五凤等社区，居民有20多万，福州软件园内还有800多家企业和3万多名职工，群众往返比较方便。这里空间体量比较大，包含了大腹山、科蹄山、五凤山3座山体，整体面积超过330万平方米，现有步道总长度20公里。根据相关数据显示，福山郊野公园日均游客量达1.3万人次，节假日达3.5万人次，全年接待游客500万人次。

公园环绕着的福州软件园，是福建省规模最大的软件产业园区，于1999年3月动工兴建，已建成A～G共7个片区，楼宇载体173栋，总建筑面积约150万平方米，是全国为数不多建在公园里的科技园区。

2. 生物资源。据福建省石探记生物学研究中心发布的数据显示，福山郊野公园是福州中心城区生物多样性指标最丰富的区域。自从开园以来，记录有鸟类138种，其中国家二级保护动物就有20多种，如白鹇。白鹇身如白雪，素有“林中仙子”的美称，唐代诗人李白钟爱白鹇，曾作诗《赠黄山胡公求白鹇》，清朝更是把白鹇作为五品官服的图案。因福山郊野公园占据城区中的三座山体，山中既有高大的乔木，又有低矮的灌木，其优良的生态环境为白鹇栖息和繁殖提供了得天独厚的条件，故而清晨或黄昏时分游客可在园中看见它的身影。同时调查发现，公园有着非常丰富的生物群落，有昆虫及两栖爬行类动物超过500种，还生活着小麂，这是现存最小的鹿科动物，也是福州城区最大的野生动物。这表明了福山郊野公园拥有较为完整的生态系统，生态环境也保持得相当不错。

（二）福山郊野公园的设计理念

1. 生态优先。福山郊野公园的生态底子比较好，空气清新，老百姓喜欢来这里休闲锻炼。在建设过程中，为减少对生态的破坏，拒绝使用大型机械设备，尽可能用人工作业，力求做到尽量不伤害一草一木，最大程度去保护原生态环境。公园步道“因山就势、因地制宜”，“宜路则路、宜桥则桥、宜洞则洞”，以最优线位匹配山地环境，尽可能避开香樟树、相思树等大型乔木。全长约1/4用桥梁支撑，这些桥梁全部是在工厂预制好，运过来组装的，这样可以最大限度减少在公园内的施工量，降低对公园生态的破坏。

2. 绿色发展。公园以双修和海绵的理念为指导，以近自然的手法修复山体受损点，打造了茉莉园、岩石园、红叶谷等特色景点；顺应山势组织地表径流，消纳滞洪、汇水成溪、聚水成潭，造就桃花潭、卧牛潭等山水意境。其中在沿着山体一侧，借鉴古代都江堰工程的竹笼做法，制作一筐筐装着鹅卵石的铁笼——“石笼箱”，不仅就地取材、施工简便，更能有效用于山地护坡、过滤泥水。此外，在充分保留原始山体自然风貌的基础上，公园还不断增加绿化植被数量、丰富植被种类，对公园沿线的荒地、废弃地等进行生态修复改造，补植了2万多株的各类乔木。

3. 便民利民。城市西郊人口饱和，鳞次栉比的楼宇环绕群山，山虽在眼前却“看山无进山、见绿难享绿”。在公园建成之前，该片区缺乏公共休闲场所，难以满足软件园众多企业职工和周边小区居民休闲、健身的需要，群众呼声强烈。鼓楼区政府积极响应群众诉求，开展一线调研，精心谋划，最终生成了这个项目。建设福山郊野公园，就是要拓展公共休闲空间，优化城市生态肌理，以最小干扰打造最优环境，实现将都市繁华和自然环境无缝交融，让福州“城在山中、山在城中”的山林资源变成百姓切切实实享受到的生态福利，提升周边群众的幸福感和获得感。

将公园步道设计为全程无障碍，用红绿两种颜色划分出漫步道、跑步道，采用脚感舒适的沥青铺设，并且坡度控制在8.0%以内，满足周边群众和游客以及老年人、小孩等不同群体的健身需求。在步道沿线因地制宜地打造了20多个特色的景观节点，有梯田花海，有观景平台，有溶洞隧道，还有跨山桥梁，等等，形式丰富、主题多样，满足休息、赏景、游玩等不同层次需求。并且，公园内的温度比市中心低3～5摄氏度，湿度保持在40%～60%，负氧离子浓度约为每立方厘米4000

个，远超卫生组织的“清新”标准。

（三）福山郊野公园的建设

1. 茉莉花园。茉莉山房是公园配套的休息驿站，可以供游客休息赏景。茉莉花园作为展示福州市“市花”茉莉花的一个主题公园，原来比较杂乱，山体破损、植被荒芜，后来进行了治理，运用生态修复的手法，打造了一个花园。

图 2—1　茉莉花园

茉莉花的故乡是印度，但茉莉花和福州有着非常深的渊源。2000多年前的西汉，茉莉花经海上丝绸之路来到福州，从此在福州落地生根。福州有句民谚，“闽江两岸茉莉香，秋水白鹭立沙洲”，描绘的就是茉莉花在福州飘香的优美生态。清朝咸丰年间，福州茉莉花茶作为皇家贡茶进贡到皇室。在《中国名茶志》里，福州茉莉花茶是茉莉花茶类唯一的中国历史名茶。

2. 祈福台。祈福台因为观景平台地势较高，面积较大，视野非常开阔，在平台上可以一览全城，福州“城在山中，山在城中”的特色，在这里看得很清楚。

福州是唯一一座以“福”字命名的城市，“福文化”在老百姓心中根深蒂固。公园在建设的过程中，就非常注重“福文化”的融入，将文化与生态进行深度融合，挖掘“福文化”内涵，讲好“福文化”故事，打造成为文体旅融合发展的生动样板。例如，公园入口停车场，原来是老虎坑水库广场，将其更名为“福康广场”，因为在福州话中，“虎坑”音通“福康”，寓意幸福安康。祈福台前的巨石为“五福石”，台面上篆刻着五个不同字体的“福”字，寓意“五福临门”。结合航拍图，可以看到祈福台空中鸟瞰形如蝙蝠，而蝙蝠自古以来就是“福气”的象征。所以，每逢重大节庆日，周边社区还经常在此处举办登高祈福的文化活动。

图 2—2　祈福台

20世纪末，为了满足福州市民对城市休闲场所的要求，市政府决定将福州市唯一一座大型综合性公园——西湖公园由原来的700亩扩建到1300亩，让扩建后的新旧两区相互结合，形成一个动静结合，吃、喝、玩、住互相配套的理想休闲好去处。要扩建，就必须做好挖湖、绿化等工作。于是在1990年，福州8000多人浩浩荡荡奔赴西湖公园开展义务劳动。

作为市政重点工程建设的西湖公园并没有成为福州市民的骄傲。在不到十年的时间里，由于周边大量生活污水以及部分农业、工业废水的排入，西湖水体生态环境遭到破坏，水质恶化，西湖由一个风景秀美的休闲场所变成了臭名昭著的“臭水沟”。市委、市政府高度重视，经过一系列整治，西湖公园恢复了往日的和谐美景。如今，西湖公园真正成为福州市民的骄傲。

近年来，福州在最大程度保护自然山体的情况下，组织各县区打造了大型生态公园15个，大大小小的公园1000多个，已经成为“千园之城”。福州还被央视评选为“中国十大美好城市”。

福州地处东南沿海，雨水多，过去城区的排水系统比较落后，易受洪水、潮水和台风三种灾害影响。最严重的地方是铜盘路，一下雨就内涝，就成为“铜盘河”。

近年来，福州动员全市上下，集中人力物力，完成156条内河治理。目前，这些内河都焕发生机活力，水清岸绿景美。福州于2017年全部消除内河臭水体，2018年被住建部评为黑臭水体治理示范城市。

20世纪90年代，上下杭地区是棚屋区集中地，闽江两岸遍布简陋、低矮的连片棚屋木房，人们用纸糊墙壁，福州因此被称为“纸褙的福州城”。如此密度的棚屋区毫无绿色可言，所以山水城市建设除了将城市侵占的山水请回来，更重要的是建好山水中的城市。福州重点做了旧城改造，拆除棚屋区建高楼，降低建筑密度，迁出城市二环路以内的工业用地，发展第三产业，腾出空间修复山水。

3. 桃花源。福山郊野公园有两处隧道，风格和设计理念各不相同。第一个是福光隧道，长约 78 米，中间的开阔区域还设置了休息区，可供游客休息纳凉。这个隧道建设的初衷是因为此处的山体十分陡峭，生态比较脆弱，所以采用隧道的形式去连通步道，既保证了步道不断，也保护了山体植被，可谓一举两得。

第二个隧道，也是 24 景之一的“福源”景点。福源意指福气之源、幸福之源。在设计建设过程中，意图结合这样一个短隧道，再现《桃花源记》中描绘的景观，“林尽水源，便得一山，山有小口，仿佛若有光。便舍船，从口入。初极狭，才通人。复行数十步，豁然开朗”。沿着石板路穿过 40 米的溶洞隧道，便来到“桃花源”景点。

图 2—3　桃花源

“桃花源”是一处天然的山谷，环境清幽。这里以陶渊明笔下的桃花源为范本进行建设，“忽逢桃花林，夹岸数百步，芳草鲜美”，三月花开时节落英缤纷，宛如桃源仙境。园区内景点也是按陶渊明的田园山林系列诗词设想命名，比如“归园、思归亭、小隐居、守掘廊”等。

“桃花潭水深千尺”，公园顺应此处的山势，组织地表径流，海绵消纳、聚水成潭，造就了这一汪桃花潭。此处有山有水，山水相依，更富有山水的意境之美。

4. 福榕园。福榕园是福山郊野公园内的榕树专类园，园区内种植着 50 多株榕树。榕树作为市树，千百年来与福州的发展历史紧密相连。榕树枝繁叶茂，苍劲挺拔，荫泽后人，造福一方，在调节气候、绿化环境中发挥重要作用。榕树又具有顽强的生命力，无论多么贫瘠的土地，乃至乱石破崖，它都能破土而出，盘根错节，傲首云天，象征着不屈不挠的福州人精神。

图 2—4　福榕园

（四）福山郊野公园的荣誉

为了实现百姓心中的“有福之道”，福山郊野公园在总结以往山地步道经验的基础上，实现技术“再”优化、理念“再”创新，经过不断的努力，已经成为“网红打卡点”、老百姓家门口的A级景区，是广大市民和游客休闲健身、沐浴山林、享受高品质生活的公共休闲空间。

福山郊野公园分别于2019年、2021年获得国家级和省级园林景观设计一等奖，还获得福建省住建厅三项科技成果和一项实用新型设计专利。福建省也以此为范本，推动指导全省“万里福道”的建设。

此外，福山郊野公园不仅服务市民，更和福州软件园融为一体，极大改善了园区的环境，福道甚至成为员工的上班路。软件园也被称为“花园中的软件园”，吸引了大批数字经济企业慕名落户。目前软件园正在打造的“中国最美数谷”，是“城园一体、公园城市”的践行探索。

二、福道公园

（一）福道公园的介绍

1. 地理位置。福道指的是左海公园到金牛山的城市森林步道，是福州市鼓楼区政府从服务金牛山周边约20万百姓、治理金牛山水土流失、恢复生态的角度出发考虑建设的，于2015年动工，2017年正式竣工。公园占地面积约130万平方米，其中悬空钢架栈道总长约8.4公里，沿线建有杜鹃谷、樱花园、双拥公园等十余处人文自然景观。

福道公园周边有部队驻地、学校和少量商业建筑，展现“山在城中”的格局，使宝贵的森林资源得到妥善的开发和共享。从周边资源看，其东临古典园林左海公园、西湖公园，又可远眺屏山镇海楼；西接闽江和江滨公园，可览新城风貌；南眺老城，可目送闽江东去；北望城内大腹山，还可再拜福州城北外一众靠山，故立福道可观福州山水。从城市交通来看，四面紧邻城市主干道，东侧西二环快速路、南侧杨桥西路和地铁 4 号线、西侧洪甘路、北侧梅峰路，公交路线众多、交通便利，具有很强的同城吸引力。

2. 生物资源。根据调查显示，福道公园拥有植物 118 科 344 属 458 种（含变种、栽培变种和变型，下同），其中蕨类植物有 15 科 15 属 18 种，裸子植物有 7 科 12 属 14 种，被子植物有 96 科 317 属 426 种。在被子植物中，双子叶植物有 83 科 252 属 342 种，单子叶植物有 13 科 65 属 84 种。

动物有 18 目 58 科 161 种，两栖类有 1 目 6 科 6 种，爬行类有 1 目 6 科 14 种，鸟类 11 目 39 科 134 种，其中国家Ⅱ级重点保护野生动物有 19 种，列入《国家保护的有益的或者有重要经济价值、科学研究价值的陆生野生动物》的野生动物有 113 种，列入《中国生物多样性红色名录》的野生动物，“濒危”“易危”和“近危”的有 19 种，公园现记录有 5 种中国特色动物，列入《濒危野生动植物种国际贸易公约》附录的有 19 种。

（二）福道公园的设计理念

福道建设在金牛山“脆弱山脊上的生态微创空中步道”，克服了“用地薄、缺人文、体验差、观景难”的场地困难，以“览城观景、休闲健身、生态环保”为定位，规划了“一轴三片五点”，构建了市中心特色山水休闲漫步系统。福道公园主 Logo 是一个无穷大“∞”的符号，体现了“福荫百姓，道法自然”的思想，也象征着有福之州福无穷，登福道，有福运，福至心灵，福慧双修。

公园设计整体呈现六大理念，分别是：

1. 生态保护。原先福道是要建设成为地面步道，后来因为一次偶然的机会，改变了这个思路。当时，福州市鼓楼区政府安排人员前往新加坡考察学习。新加坡素有“全球生态花园城市”美誉，对步道的设计也是一流。考察人员去新加坡的亚历山大森林步道上走了走，这是一条长约1.3公里的高架人行天桥，将新加坡南部山区9公里的延伸地区——包括花柏山、直落布兰雅山和肯特山脊连接起来，为新加坡这处自然遗产宝库打开了大门。这一走，考察人员深受启发，原来步道还能这样建设，福州也能就地落实。于是，鼓楼区政府就将新加坡亚历山大森林步道的设计团队请了过来，为福道做规划设计，才有了国内首家城市森林步道。

在建设中，为了减少对植被、环境的破坏，步道采用线形设计，贴合山体等高线，同时以柱点进行支撑，做到不开挖山体、不破坏地形。每个“Y”型单柱基础占地仅1.5平方米，并尽可能增加柱与柱之间的距离，以此减少对场地的影响。步道采用全钢结构，未来钢材回收率可以达到80%以上。踏面为2.5厘米的厚钢格栅板，让下方的植被也能充分享有阳光和雨露。还通过具有自净功能的核心湖体、非刚性的生态草坡挡土墙、环湖湿地水木杉、自然式非刚性生态拦水坝、系统化的海绵设施、边坡挡墙复绿、丁石透水路面、渗透性碎石广场等要素系统性的组合，达到生态设计的目的。

2. 山地海绵。作为福道的核心路口，梅峰山地公园是全国首个完工的山地海绵项目。该节点不但能满足游览休憩的需要，还能提升公园对雨水、洪涝的管控，以减少过量的山洪对公园及周边产生的不良影响。通过山地海绵系统的串联流程，尽可能把雨水滞留在园区中，使其能沉淀泥沙、过滤杂质、净化有害物质，待到洪峰过后再排入市政管道或就地蒸发、下渗、利用，将“渗、滞、蓄、净、用、排”与景观效果紧密结合起来。

3. 灵活游线。福道通过钢结构架步道、车行道和登山步道的相互串联形成了立体的流线网络，不但有利于疏散人群，而且多数环线做到进出口为同一节点还不走回头路，极大方便了游人。

4. 舒适体验。步道行走舒适，1∶16的极缓坡度和富有弹性的钢格栅板铺面，减少了步行对膝盖的压力，使得儿童、老人及需要辅助设备的人群都可以轻松游赏福道。全程实现了无障碍通行，通过主入口所衔接的无障碍支线步道进入主轴线，可无障碍游览所有重要节点和服务设施。步道穿梭于林荫之间，紧邻栈道两侧都是原生大树，还有保留下来的十几年的果树，等到丰收的季节，游客可以感受绿色生态。

5. 微创地标。福道的每一处建筑都力求把对场地的影响降到最小，体量舒适、因地就势、底部架空是实现山地微创建筑的主要策略。这是为了保护大树，让其从建筑中生长出来，而多次调整后的方案。由于金牛山山脊线横跨3.1公里，每个出入口都要服务一片区域，为了提高对片区的吸引力并形成区域向心力，力求每一个建筑都有其独特的风格，形成区域地标，以此提升区域活力。

6. 微创施工。为了克服因弧线造型而带来的设计、生产、施工困难，福道采用了模块化思路，把复杂多变的栈道线形归纳为由12组基本模块组成的多边组合，不但使得生产施工更有效率，而且现场也无需占地设置大面积加工厂。建设过程中，利用已成形的桥段作为构件运输平台，在其上面铺设纵梁轨道，用自行式桥面吊机在轨道上开行及吊装，以行走小车作为构件运输设备，依次向前逐段安装。创新了用骡马队运送物资的方式，这种看似过时的施工手段在福道的精细化施工中起到了巨大的作用，极大保护了沿途植被和原始地形。

（三）福道公园的建设

1. 环形坡道。环形坡道，是福道工程中标志性建筑之一，外圈直径 23 米，内圈直径 18 米，长度约 210 米。外侧表面安装的材料是双层穿孔铝板，中部镂空，后期安装景观灯。之所以建造这个环形坡道，是因为该入口地面与之对接的悬空步道约有 13 米的高差，需要有个缓冲的过程，游客可通过这缓缓抬升的无障碍坡道登上悬空步道。悬空栈道全段按照 1∶16 的无障碍标准进行设计，每 16 米长度上升 1 米，让人走起来相对轻松舒适，不会对人体膝盖的半月板造成损伤。

图 2—5　环形坡道

环形坡道正中有棵名品桂花树，胸径50厘米，高度约13米，在福州现有公园里实属难得一见。每逢桂花盛开，人们走在坡道上，不但可以观赏到周边缓缓上升的景色，还可置身在桂花香中，充分感受“福桂飘香”的意境。

2. 悬空栈道。线形优美的悬空栈道掩映在山林树冠间，线形随着山体的形态蜿蜒曲折，因形就势，韵律优美，犹如疾笔行书。全程采用缓坡的处理方式，极大增强了民众的易接近性，使得各个年龄层次的游客都能够自由无阻地穿梭于公园的各个景点之间。主轴线宽度为2.4米，这个宽度可以让两位成人和一辆轮椅同时并行。局部拓宽至3.6米至4米之间。栈道的主要结构是这样组成的：底下是Y型柱，中间是空心钢管桁架，桥面是格栅板，缝隙在1.5厘米以内，这样的尺寸设计，一方面方便轮椅通行，另一方面可以让步道下方的植物依然吸收阳光雨露，继续生长，最大程度保护周围的生态。格栅板密度高，让人走起来不会恐高，上面锯齿可以起到防滑作用。同时，整个桥面采用了热镀锌的工艺，可以很好地防止其生锈腐蚀，延长使用年限至30年以上，较大程度减少了未来的维护修补。

在栈道施工过程中，施工队用人工、骡马、缆道等将材料运上山，首创“桥面吊机滑行吊装”工艺，利用已经形成的桥面平台安装构件。钢构件都是工厂加工、现场拼装的，基本不用电焊，把对自然环境的破坏降到最低。栈道广泛运用钢架镂空的设计，其中钢材料可回收性高，每回收1吨钢可炼好钢0.9吨，比用矿石冶炼节约成本47%，能减少75%的空气污染、97%的水污染和固体废物，具有很强的可持续发展性。同时，福道注重生态设计和精细建设，紧邻栈道两侧的都是原生大树，甚至要求树都必须从栈道中间穿过。

图 2—6　悬空栈道

3. 樱花园。樱花园位于金牛山最高处的山脊南侧，占地约 2 公顷。樱花园内遍植多种品系大规格的福建山樱花，每年春季次第盛开，美不胜收。

为了提高福道的服务管理品质，在福道设计中充分考虑信息化建设工作。在主要出入口和景观节点处设置触摸屏和 LED 显示屏，提供景区介绍、便民服务查询、文明公益广告宣传等信息。在休息平台和游客服务设施等节点，提供 Wi-Fi 用户上网功能，游客还可以通过福道的微信公众号等渠道对公园的服务管理方面进行点评和提出建议。在所有的出入口处都安装视频监控，实现常规监控和人流量智能分析统计。同时在设计中融合一键求助、应急广播和森林火灾等监控系统。

图 2—7　樱花园

福道绿化覆盖率高，树种丰富，植物与景观配置得当，景观与环境美化效果较好。福道的夜景灯光以“与动物和谐相处”和“予游客舒适体验”为首要原则。为此，主要光源的布设与架空栈道的结构形式融为一体。白天看不出隐藏在桁架内和扶手下的电路走线，夜晚光线通过钢格栅板、步道结构的偏转和反射变得更加柔和。更重要的是，线形光源在满足游客使用的情况下，将影响相对集中控制在悬空栈道的范围内，避免因过度光照对动物的栖息产生影响。

4. 杜鹃谷。金牛山上原先就生长着许多野生杜鹃花，它们顺着山脊生长到西客站，在此基础上，又新添了 20 多种杜鹃花品种，其中不乏名品，花期都可持续在一个月以上，故而将此处命名为杜鹃谷。杜鹃谷占地约 2.5 公顷，谷中还散布着数百株橄榄树和龙眼树。道路用碎石灌砂做路基，然后铺上天然的花岗岩，中间种植草地，可以让雨水最大限度渗透下去，这就是现代园林建设中提出的“海绵城市”理念。

图 2—8　杜鹃谷

（四）福道公园的荣誉

福道公园自开放以来，获得诸多荣誉，并多次登上央视新闻。2016 年 10 月，福道项目被住建部所编制的《绿道规划设计导则》采录。2017 年，获得国际建筑奖，此奖项于 2004 年设立，是引领世界建筑界潮流的指标之一，福道是 2017 年国内唯一获奖建筑。福道因先进的设计理念和高品质的完成度荣获 2018 年“DFA 亚洲最具影响力设计奖”；同年 7 月获得“新加坡总统设计奖”。2019 年 4 月，央视《新闻联播》再次报道了福道，称赞福道拉近了生活与山水的距离。2019 年 5 月，福道项目获得中国钢结构金奖；6 月，荣获第十一届广东省土木工程詹天佑故乡杯奖；获得 2016—2018 年福建省重点建设优胜项目。2020 年 12 月，福道获得全国体育事业贡献奖。2021 年 3 月，荣获由韩国首尔政府主办、首尔设计基金会承办的国际性设计奖项——“2020年人类城市设计奖”，大会评委一致认为，福道不仅具备良好的功能性，同时也是优雅的设计美学和原生态的自然景观之间的一种完美融合。

第四节　教学流程

时间	教学地点	教学内容
15分钟	福山郊野公园茉莉花园	介绍茉莉花园、茉莉花大众茶馆及茉莉花的基本情况
15分钟	福山郊野公园祈福台	介绍祈福台，讲述习近平总书记登高俯瞰、回忆福州山山水水的故事，并陈述福州在生态休闲公园建设、水系综合治理的成绩
10分钟	福山郊野公园桃花源	介绍桃花源，讲述习近平总书记赞美桃花源的故事
20分钟	福山郊野公园福榕园	观看视频，重温习近平总书记考察调研时的原话，讲述福州历届市委、市政府是如何一任接着一任干，将福州打造成为美丽园林城市的故事
30分钟	福道公园樱花园	介绍樱花园，讲述习近平总书记手植樱花的故事，介绍福道公园诞生的经过
30分钟	福道公园杜鹃谷	介绍福道公园的设计理念和获得的荣誉

第五节　互动研讨

1. 参观福山郊野公园、福道公园后，谈谈在保护绿水青山方面有哪些值得推广的好做法、好经验？

2. 结合福山郊野公园、福道公园建设情况，谈谈对“良好生态环境是最公平的公共产品，是最普惠的民生福祉”的理解？

第六节　总结提升

近几年，不论是福山郊野公园、福道公园等新兴园林工程，还是整座城市坚持走绿色发展道路，可以发现福州在践行习近平生态文明思想上有新思路、新举措，当中值得借鉴、推广的经验做法有四点。

一、聚焦“山”，彰显城市公园特色

一是巩固深化省全域生态旅游示范区创建成果，打响“福山福水福道福文化”品牌，完成屏山公园（镇海楼）、福山郊野公园3A级景区创建工作；在公园举办郁金香花节、乌山花节、乌石山“为民祁报、政莫先焉”亲民廉政历史文化展等活动。二是打造主题公园。参照历史原貌推进乌山二期保护修复提升工程，项目面积5.1公顷，投资1.8亿元，于2022年1月19日开园，获得各界一致好评。此外，以“智慧＋体育健身”为主题，提升打造西河“智慧体育”公园；深挖闽都文化丰富内涵，完成屏山公园镇海楼古厝博物馆及冶山文化公园建设等。三是浓厚茶文化氛围。在黎明湖公园、乌山历史风貌区、温泉公园、福道公园及福山郊野公园设置大众茶馆，打造具有品茶论艺、休闲娱乐、文化

交流等多种功能的大众消费场景。

二、聚焦“水”，巩固内河治理成效

一是巩固提升城区内河治理成果，将治理重点从沿河截污系统向污染源头转移，推进管网完善、雨污分流。目前相关内河已完成整治工作，转入运营管养阶段。二是全方位落实河湖长制和“河长日”集中巡河活动，选聘“民间河长”。三是做大做强内河旅游。多年以来，内河保持高水位运行，河道水质稳定在Ⅴ类水以上，贯通了白马河—东西河内河航线，推进白马河、东西河特色水街项目，并与沿线公园绿道结合起来，让市民享受“推窗见绿、出门见景、沿河见水”的生态福利。四是多措并举开展宣传活动，引进抖音、微视号等新媒体创新宣传方式，取得良好效果。

三、聚焦“绿”，焕发城区蓬勃生机

一是打造花漾街区。实施中山堂片区综合化整治和花漾街区建设，以中山路为主线，辐射周边丽文坊、能补天巷等 7 条历史街巷、12 个居住小区，通过综合整治街巷、休闲广场、零星杂地、街头小绿地，强化绿化花化彩化，打造闽都文化彰显、园林特色鲜明、环境整洁有序、设施配套齐全、人民群众满意的特色宜居宜游街区，获“省级十大样板工程”第一名。此外，还完成了五四路（省体—古田路）段约 3.6 公里的城市花廊改造提升。二是完善林荫网络。持续提升城区林荫道、林荫交通等候区、林荫公交站、林荫停车场，形成互相连接、林荫不断的林荫网络。对得贵路、东水路、琼河巷、福二路、福沁路等 5 处精准补绿。三是整合绿道网络。持续开展绿道建设提升及品牌打造整合，完成福山郊野公园 8 公里、福道月牙桥 2 公里建设提升。四是丰富城市绿化层次。推广立体绿化建设，扩绿增绿，完成乌山澹庐、黎明湖乌山路驳岸、北大路邮储、省会计师协会西侧及延安中学国光校区等 5 处立体绿化建设。通过封山育林，结合卧牛塘及飞花桥旁边地块绿化补植，实施五凤山生态绿地修复。

四、聚焦“宜居”，服务群众美好生活需要

一是开展老旧小区改造。试点推广社区维修基金、责任规划师等制度，引导居民参与“共同缔造”，片区化推进老旧小区综合整治工作。二是推进景观整治。同步实施“地上、地下”城市美化工作，连点成线、连线成片，实现城区风貌全面提升。三是拓展市民休闲空间。改造提升 20 处街头小公园，对 30 处小区（单位）集中式绿地进行公园化“微”改造，补植绿地 4000 余平方米，更换花卉约 1 万平方米，约 60 万株。实现公园“市民园长”全覆盖，完善群众参与园林工作常态化机制。

第三章　践行生态文明思想
建设生态样板工程

——闽江河口湿地现场教学

第一节 教学目的

党的十八大以来，以习近平同志为核心的党中央从统筹推进“五位一体”总体布局的战略高度，对生态文明建设作出一系列重要论述及一系列重大决策部署，为我国推进生态文明建设提供了理论指导和行动指南。

本课程通过对闽江河口湿地的现场教学，旨在深化对习近平生态文明思想的学习贯彻，增强对湿地的认识，提高对湿地的保护意识，推动湿地保护工作，共建生态福州。

第二节 背景资料

习近平生态文明思想，深刻揭示了人类社会发展进程中经济发展与环境保护的一般规律，为开创我国绿色发展的新局面提供了强大的理论支撑和实践指导，是推动生态文明和美丽中国建设的根本遵循。

湿地保护的构建基于生态文明理念，作为生态文明建设的一项重要内容，我国湿地生态环境体系持续改善。

闽江是福建的母亲河，闽江河口湿地是福建最大的原生态河口湿地，是集自然景观优美、生物多样性丰富、生态功能重要于一体的河口湿地。2002 年，开启了福建生态省建设的帷幕。

21 世纪初期，闽江河口湿地遭遇“内外夹攻”，在外部缓冲地带，填海造地侵蚀滩涂，无节制排放污水垃圾；在内部核心区部分，种蛏、养鸭，污染严重。当时湿地生态环境亮起了“红灯”，引起了福建省上下高度关注。

一、闽江河口湿地旧貌

闽江河口湿地位于福建省长乐区，这个稳居“全国百强县”的工业重镇，人地矛盾日益紧张，“向大海要土地”是见效最快、成本最低的土地增长方式。改革开放以来，长乐经济进入高速发展期，随着工农业的发展、城市的扩张，不少人对闽江河口湿地建设的重要性认识有所欠缺，对污水排放、过度利用、泥沙淤积的危害性认识不清，致使湿地被围垦开发，面积一天天缩小，湿地功能一天天退化，为追求经济效益，人们过度养殖、采砂、排放污水，围垦开发湿地。据不完全统计，从 1986 年到 2002 年，闽江河口湿地总面积减少了 95641.36 公顷，其中，1986 年泥滩面积为 459288 公顷，到 2002 年泥滩面积仅有 334918 公顷，丧失率 27.1%；1986 年水田面积为 296011 公顷，到 2002 年水田面积仅剩下 212841 公顷，减少了 83170 公顷，丧失率达 28.1%。除了湿地面积减少，还存在水体污染严重、泥沙淤积、外来物种入侵、生物多样性受损等多种问题，湿地生态环境呈加速退化之势，产生了各种严重后果。

湿地生态功能减弱。鳝鱼滩湿地围垦项目是长乐“十五”计划中的一个重要工作。在“十五”计划之前，闽江河口湿地已经有了不少滩涂围垦项目。滩涂围垦不仅破坏了禾本科、菊科、灯芯草科等 80 多种植物、100 多种浮游生物以及 40 多种鱼类、虾蟹、贝类资源的栖息地，导致这些资源生物产量下降，也破坏了滩涂生态系统的平衡。同时由于这些生物在消除闽江水质污染中发挥着重要作用，它们的消亡直接导致闽江入海口及两侧的海域水质污染加剧，大大减弱了湿地排洪蓄水等生态功能。1979 年，作为固堤造陆的最佳植物引入罗源湾的互花米草，已经扩散到闽江河口，占整个闽江河口的一半以上，使芦苇、咸草等植被只能退缩到堤坝周围，外来物种的入侵，进一步加大了湿地生态的失衡。

湿地生物多样性减少。闽江河口湿地丰富的动、植物资源不仅为鸟类提供了充足的食物，而且为鸟类提供了歇息、觅食、繁衍、越冬的场所。其所处的地理环境特殊，位于东亚—澳大利亚西亚候鸟迁移通道的中间地带，是候鸟的重要驿站、主要栖息地、繁殖地和迁徙地，更是候鸟的中转站和越冬地。由于人类干扰程度越来越大，湿地面积急剧缩小，野生动植物栖息生长地遭受严重破坏，湿地鸟类等生物资源受到严重的甚至是不可挽回的破坏，湿地生物种类减少到不及开发前的一半。

由于滥捕乱猎，许多候鸟特别是经济鸟类种群数量不断下降，多时每天捕猎达 300～400 只。鳝鱼滩附近居民不仅用网大量捕杀鸟类，还在水草上撒用酒浸过的小麦作毒饵，致使水鸟吃后中毒身亡。21 世纪初，长乐计划在鳝鱼滩边上修建滨江大道，草洲、马航洲则计划修建“华夏世纪园”项目。这两个项目一旦建成，将使每年飞经这里的候鸟失去立足之地。

二、建区保护闽江河口湿地

面对湿地环境恶化、面积减少带来的自然损失和自然灾害，长乐林业组织国内权威生态专家学者进行湿地资源清查。发现闽江河口湿地生态退化不容乐观，呈现面积减少、生物多样性受损、外来生物入侵和泥沙淤积现状，其加速退化甚至达到惊人之境。湿地减少带来的自然损失和自然灾害远比想象不知大多少倍。

根据专家学者的意见，长乐取消已经列入“十五”计划的鳝鱼滩湿地围垦项目，变围垦项目为保护项目，此后逐步加强对湿地的重视与保护，取消在鳝鱼滩边上修建滨江大道，取消原计划在草洲、马航洲的“华夏世纪园”项目。2005 年，部分养殖业主雇人接连数日趁夜施工在湿地内填筑了数百米的土堰，企图将数千亩的湿地围堰养殖。长乐当即组织林业局等有关部门严肃处理了该起事件，并投入一百多万元迅速退围还湿，及时化解了这场湿地危机。此后，国家、省、市、区四级政府投入巨额资金，实施拆除围网、生态移民等综合治理工程，由点及面，逐步恢复闽江河口湿地植被，大面积修复生态，使水质明显提升，水鸟种类数量大幅增加且相对稳定。

对于湿地保护工作，福建省、福州市、长乐区各级政府一任接着一任干，保护区从设立到晋级国家队只用了 10 年时间，并且入选“中国十大魅力湿地”，在全国产生重大影响。2003 年，长乐市人民政府申请撤销了该区位的围垦项目，建立了县级自然保护区，成立了湿地保护领导小组和闽江河口湿地自然保护区管理处；2007 年，福建省人民政府批准建立了闽江河口湿地省级自然保护区；2013 年，经国务院批准晋升为国家级自然保护区；同年荣获“中国十大魅力湿地”称号；2020年3月，入选国家重要湿地名录。闽江河口湿地树立并践行“绿水青山就是金山银山”的理念，探索湿地保护与利用的方法，在基础研究、生态修复、社区融合、产业带动、生态教育、开放合作等领域形成了六大核心工程，造就了独特的闽江河口湿地生态文明实践和经验的“闽江模式”，这里已成为全球濒危物种聚集地，成为“清新福建”一张重要的生态名片。

第三节　教学内容

一、闽江河口湿地基本介绍

福建闽江河口湿地位于福建省福州市长乐区东北部闽江入海口南侧，是福建最大的原生态河口湿地，也是福建省最优良的河口三角洲湿地。闽江河口湿地位于闽江下游福州辖区内，西自闽侯竹岐，东至连江的川石岛和长乐的梅花镇，为闽江入海口，涉及台江区、晋安区、闽侯县、鼓楼区、仓山区、连江县、长乐区和马尾区等5区2县1市，湿地总面积5.43万公顷，包括浅海水域、沙石海滩、潮间盐水沼泽、河口水域、三角洲/沙洲/沙岛、库塘和水产养殖场等2类7型湿地。区内已建有福建闽江河口湿地国家级自然保护区、闽江河口国家湿地公园和长乐海蚌资源增殖保护区各1处，建立义序、城门等多处饮用水源保护区。闽江河口湿地总保护面积达 2381.85 公顷，其中自然保护区面积 2100 公顷，湿地公园面积 285.85 公顷。

（一）闽江河口湿地国家级自然保护区

福建闽江河口湿地国家级自然保护区地跨 3 个乡镇 13 个建制村，保护区按功能划分为核心区、缓冲区、实验区。以中华凤头燕鸥、勺嘴鹬、黑脸琵鹭等珍稀濒危野生动物物种和丰富的水鸟资源及河口湿地生态系统为主要保护对象。

核心区：面积 877.2 公顷。主要开展对现有湿地生态环境的保护，加强水禽栖息地的保护与恢复，严格限制人为活动，保持其生境的自然状态。

缓冲区：面积 348.1 公顷。主要开展湿地生态环境的综合治理、植被恢复、退养还湿、湿地修复、建设监测点等设施。科学编制闽江河口湿地保护与修复工程可行性研究。

实验区：面积 874.7 公顷。实验区在缓冲区的外围，是科研教学、宣传教育以及适度利用的区域。

闽江河口湿地多项指标达到国际重要湿地的标准：

1. 闽江河口湿地地理位置优越，属近自然湿地，位于东亚—澳大利西亚候鸟迁徙通道的中间地带，保护区的鳝鱼滩是福建省最优良的河口三角洲湿地，是亚热带地区典型的河口湿地，在东洋界华南区具有重要的代表性。湿地生态系统具有一定的代表性和典型性，达到国际重要湿地标准 1。

2. 闽江河口湿地支持着众多易危、濒危或极度濒危物种，达到国际重要湿地标准 2。

3. 闽江河口湿地定期栖息的水鸟总数大于 2 万只以上，达到国际重要湿地标准 5。

4. 闽江河口湿地常年维持卷羽鹈鹕、黑嘴端凤头燕鸥、黑脸琵鹭、鸿雁、灰斑鸻、环颈鸻、蒙古沙鸻、白腰杓鹬、中杓鹬、斑尾塍鹬、红脚鹬、青脚鹬、翘嘴鹬、红颈滨鹬、弯嘴滨鹬、三趾滨鹬等 16 个物种水鸟的数量超过全球种群数量的 1%，达到国际重要湿地标准 6。

5. 闽江河口湿地是中华鲟的栖息地，也是其他鱼类的一个重要食物基地，是洄游鱼类依赖的产卵场、育幼场和洄游路线，达到国际重要湿地标准 8。

（二）国家湿地公园

为了缓和游客对湿地保护区的直接干扰以及与公众共享生态保护成果，2008 年 12 月经国家林业和草原局批准，在毗邻闽江河口湿地自然保护区的西南侧建立了长乐闽江河口国家湿地公园试点，占地 281.85 公顷。公园分为生态保育区、恢复重建区、合理利用区、管理服务区和宣教展示区等 5 个区。现已建成了百榕文化街、湿地博物馆（科教中心）、马山炮台遗址公园、牛山景观栈道、滩涂栈道、翠涛书院以及多条景观步道，2015 年由国家林业和草原局正式授牌“福建长乐闽江河口国家湿地公园”。公园内鳌峰、晦翁、雁影、冬畅等 10 多个观鸟休憩亭错落有致，百榕街绿意盎然，闸港漫道百舸群鹭，生态鸟岛飞鸟掠影，鳌峰荷塘一碧连天，百亩花海争奇斗艳，自然生态充斥着整个湿地公园。砥砺观光道上可欣赏湿地美景，滩涂栈道上可重拾自然乐趣；牛山上可“朝看日镜浮金，晚眺月轮沉壁”，欣赏闽江千张帆樯；马山上可闻炮台硝烟，感受文石沧桑历史。湿地公园依托湿地保护区，以生态和人文相互交融，形成了闽江河口一道独特的风景。

图 3—1　观景湿地栈道

公园良好的生态环境吸引了大批的游客前来观赏，为自然湿地保护给予支持。目前湿地公园年接待游客量达 30 万人次，更成为周边社区居民重要的健身运动的后花园。公园的建设与管理，也为当地居民提供了众多保安、保洁、苗木养护等就业岗位，为保护区之外的发展建设空间提供良好的生态环境，实现了保护区与社区可持续发展、共赢发展。2021 年 7 月 6 日，闽江河口湿地生态保护与利用的成功举措被作为国家自然保护区最佳实践案例通过第 44 届世界遗产青年论坛向全球推介。

二、湿地资源与功能

（一）湿地资源

1. 动物资源。

闽江河口湿地是福建省最优良的河口三角洲湿地，在东洋界华南区具有重要的代表性，为众多水鸟、鱼类、甲壳类提供良好的栖息地。闽江河口湿地内野生动物资源丰富。现已初步查明，这里有野生动植物1089种，其中国家重点保护野生动物80种。脊椎野生动物共41目111科395种。其中哺乳纲3目5科7种、鸟纲19目53科266种（其中水鸟9目24科152种）、爬行纲2目4科8种、两栖纲1目2科3种、鱼类16目47科111种。国家重点保护动物有54种，其中国家一级保护动物有5种，国家二级保护动物有49种。属于《濒危野生动植物种国际贸易公约》（CITES，2010）附录有19种，其中附录Ⅰ有13种，附录Ⅱ有6种。世界自然保护联盟（IUCN，2008）名单中有21种，其中极危物种3种（CR），濒危物种（EN）11种，易危种（VU）7种。《中国濒危动物红皮书》名单中有28种，其中濒危物种（EN）6种，易危种（VU）12种，稀有种（R）10种。双边国际性协定保护的候鸟有156种，其中“中日候鸟保护协定”保护的鸟类有142种，“中澳候鸟保护协定”保护的鸟类有56种。此外，尚有福建省重点保护动物44种。

2. 植被资源。

闽江河口湿地地处中、南亚热带季风气候区，植物资源较丰富。现已初步查明维管束植物种类共53科116属141种，其中蕨类植物7科7属8种，被子植物45科109属133种（双子叶植物39科77属91种，单子叶植物7科32属42种），红树植物1科1属1种，盐沼植物14科22属23种。湿地上生长的维管束植物主要有秋茄、芦苇、短叶茳芏、藨草、卡开芦和互花米草等。

闽江河口湿地在植物地理上属于泛北极植物区系与古热带植物区系的过渡带，处于中国—日本森林植物亚区的华南地区。依据植物群落的种类组成、外貌结构和生态生理分布，在植被类型上，参照《中国植被》及《中国湿地植被》的划分方法，自然保护区主要植被类型可以分为滨海盐沼、滨海沙生植被和红树林3个植被型，有互花米草群落、芦苇群落、短叶茳芏群落、海三棱藨草群落、中华结缕草群落、苦郎树群落、狗牙根群落、铺地黍群落、木麻黄群落、厚藤群落、老鼠艻、甜根子草群落、矮生苔草群落、秋茄群落等14个群系。

3. 珍稀濒危鸟类众多。

闽江河口湿地附近海域是全球海洋物种最为丰富的区域之一，也是北半球同纬度近海海洋物种最为丰富的区域。闽江河口湿地是处东亚至澳大利西亚候鸟迁徙通道的中间驿站，有大量的雁鸭类、鸻鹬类和鸥类，是迁徙水鸟重要驿站地、越冬地和燕鸥类重要繁殖区。有着全球沿海地区唯一、大规模、稳定的鸿雁越冬种群，常年分布和越冬水鸟超过5万只。这里是黑脸琵鹭、勺嘴鹬等越冬区的北缘，又是中华凤头燕鸥繁殖区、多种雁类越冬区的南缘，是小天鹅、豆雁等雁类冬季在亚洲沿海地区大规模越冬群体分布的南限。

这里有鸟类266种，其中水鸟152种，占福建省水鸟种数的80.4%。其中珍稀濒危水鸟众多，中华凤头燕鸥、勺嘴鹬、黑脸琵鹭被称为“闽江三宝”，中华凤头燕鸥被称为“神话之鸟”，曾在人类视野中消失了63年，鸟类学家一度认为它已灭绝，直到2000年在马祖岛重新发现它的踪影。2004年，随着闽江河口湿地的保护和建设，“神话之鸟”重现长乐，从那以后，每年4—9月，中华凤头燕鸥都会飞往闽江河口湿地，在这片沙洲上嬉戏、求偶。据统计，目前它的全球存量不足100只，而在闽江河口湿地最多时一次就发现了16只，中华神鸟的再度出现和数量增长，得益于闽江河口湿地的长年保护，长乐区也被授予

“中华凤头燕鸥之乡”的美誉。

（二）湿地的功能和作用

在自然生态系统中，湿地是位于陆生生态系统和水生生态系统之间的过渡性地带，在土壤过湿或地表浅层积水的特定环境下，生长着很多具有湿地特征的植物，是滋养世间万物重要的生态系统，全球超过40%的物种都依赖湿地繁衍生息，湿地广泛分布于世界各地，拥有众多野生动植物资源，与海洋、森林并称为地球三大生态系统，又有“地球之肾”的美誉。然而对湿地的保护并不乐观，我们所说的湿地的诸多功能，很难让人有触动心灵的直观感受。但是湿地发生的变化，却深深影响着我们所在城市的生存环境。

湿地作为宝贵的自然资源，具有吸收二氧化碳、制造氧气、涵养水源、净化水质、调节气候、维护生物多样性等重要生态功能，发挥着不可替代的作用。湿地功能概括起来主要有以下四个方面。

1. 巨大的生态功能。

湿地是重要而独特的生态系统，是地球生态建设的重要自然载体，是宝贵的种质和基因资源库，是淡水之源，在维护地球生态平衡中发挥着重要作用。全球湿地为20%的已知物种提供了生存环境，维护着丰富的生物多样性。全国、全省湿地分别贮存着约2.7万亿吨、1200多亿吨淡水，分别占全国、全省可利用淡水资源总量的96%、79%。每公顷湿地每天可净化400吨污水，全国、全省湿地每天可分别净化154亿吨、3.48亿吨污水。

2. 强大的生产功能。

湿地生态系统通过物质循环，可以为人类生存发展提供清新的空气、洁净的淡水、宜居的环境和丰富的食品等，是为人类提供生态产品的重要途径。我国有3亿多人、福建省有200多万人直接依赖湿地生活。福建省母亲河——闽江平均年径流量621亿立方米，为全省提供了丰富的淡水资源。闽江河口等重要湿地提供了鱼、虾、贝类等众多丰富的湿地食品。

3. 特殊的碳汇功能。

湿地是巨大的“储碳库”“气候调节器”，能够有效缓解温室效应，是应对气候变化的战略选择。占全球陆地总面积6％的湿地的储碳量约为7700亿吨，占陆地生态系统碳储量的35％。在全球森林资源不断减少、工业减排十分困难的情况下，充分发挥湿地间接减排功能显得更为重要。

4. 丰富的文化功能。

湿地孕育了源远流长的生态文化，是弘扬生态文明理念、促进人类文明发展的重要阵地。古代中国、印度、埃及和巴比伦四大文明古国分别发源于黄河和长江流域、印度河和恒河流域、尼罗河流域、幼发拉底河和底格里斯河流域等，也就是发源于湿地，留下了丰富的文化遗产。

三、闽江河口湿地的价值

（一）生态价值

福建闽江河口湿地是处在土地资源相对匮乏的省会城市福州近郊保留下来的一片原生性河口湿地，是福建省重点生态建设区域和福州的重要生态屏障，对于维护福州生态平衡、保障福州生态安全具有重要的战略意义。在区域气候调节、净化水质、科普教育、生态旅游等方面都发挥着重要作用。

图 3—2　闽江河口湿地博物馆

1. 保持水土，防风护岸。

从 1986 年到 2002 年，闽江河口湿地总面积减少了 9 万多公顷，湿地大面积的减少带来了生态的破坏，台风数次登陆长乐，给了人们严重的教训。如果把海防林建造比作可解海防生态安全的“近渴”，那么抢救和保护滨海湿地才是永久根治的“远水”，闽江河口湿地的植被根部能够牢固泥沙，防止土壤被流水冲刷，同时红树林就像一道天然屏障，能够减轻台风引起的大风浪对沿海堤岸的袭击。

2. 防止海水倒灌，保证淡水供应。

闽江，是福州母亲河，哺育了数百万榕城市民，但受到海水倒灌威胁。闽江河口湿地处于闽江入海口，呈喇叭状，能够为地下蓄水层提供淡水补充，向外流出的淡水能够限制海水倒灌，湿地植被也有助于防止海水倒流回闽江，保证福州地区人们生活、生产的淡水供应。

3. 降解污染，净化水质。

在闽江河口段的湿地上，生长着禾本科、菊科、灯芯草科等植物80多种、浮游生物100多种以及40多种鱼类、虾蟹、贝类资源。这些生物都有去除污染的功能，在消除闽江水质污染中发挥着重要作用。特别是生长在湿地的植物，很多都有吸纳重金属的特性，对降解污染起着非常独特的作用。闽江福州段流入的污水现在主要依靠湿地来净化，它相当于一个非常大的污水处理厂。

4. 调节区域气候，减缓温室效应。

福州市区所在地属于典型的河口盆地，三面环山一面靠海，同时又属亚热带季风气候，夏季晴热多雨，热岛效应严重，闷热感强。闽江河口湿地内的植被能够通过光合作用把大气中的二氧化碳转化成碳水化合物，减少大气中的二氧化碳含量，同时，湿地里的水分蒸发成水蒸气，又以降雨的形式回到周边地区，从而保证了福州地区的湿度和降雨量，减缓温室效应影响。

（二）闽江河口湿地的艺术、历史和科学价值

1. 在艺术观赏价值方面。

闽江河口湿地处于东亚—澳大利西亚鸟类迁徙路线上，气候暖热湿润，水域面积宽广，水草生长茂盛，是过境候鸟停歇、觅食和补充营养的中转站。湿地深处，白鹭洁白的羽毛、轻盈的体态；豆雁硕大的个体、引颈高歌；绿翅鸭色彩艳丽、游弋自如；群鸟腾飞与绿水清波交相辉映的场景都给人以艺术般的美的享受。闽江河口垂柳的婀娜、蔗草的繁茂、木麻黄的挺拔、咸草的齐整构成美丽的湿地植被景观。美丽的滩涂上生长着以秋茄为主要物种的红树林，它有着“海底森林”的美称，其与众不同的“胎生”现象，圆棒状的胚轴悬挂在翠绿的树冠丛中，如累累硕果，给人以丰收的景象和美的享受，堪称静态之美。亲水平台旁惊起的野鸭扑棱着翅膀腾空远去，潮间带各种水生动物频繁出没，退潮后草洲周缘的砂质滩更是河蚬的富集之地，一派生机勃勃的景象，凸现出自然保护区湿地的动态之美。

2. 在历史文化价值方面。

福州是一座历史悠久的古城。生活在福建闽江流域的水上居民（疍民），是一支古老的群体。疍民因杂居于汉民族生活的边缘，深受汉民族经济文化的同化和影响，既保存有独特的文化生活习俗，又消亡得极其迅速。发掘与保护其独特的文化遗产，作为闽江河口湿地旅游的一项文化项目具有十分重要的意义。而隔江相望的马尾更是历史悠久，早在汉代就是一个重要的国际港口。

3. 在科学考察价值方面。

湿地生态系统、多样的动植物群落、濒危珍稀鸟类物种等在科研中都有重要的地位，它们为教育和科学研究提供了对象、材料和试验基地。多年来，自然保护区内建成了多个生态监测站，观测闽江河口水文以及生态系统变化，监测湿地动植物种类、种群数量、迁徙规律等，开展有关湿地生物多样性保护、栖息地及生态环境恢复的研究。同时，自然保护区的建设，为研究大陆与台湾生物资源的相互关系、发展闽台两岸在保护生态环境和生物多样性方面的交流合作提供了重要平台。

四、闽江河口湿地的管护与建设

这片失而复得的秀美湿地，凝聚着决策者的卓识远见，凝结着管护者的心血和汗水。福州长乐多年的湿地管护建设实践成就，改变了福州人乃至闽江沿岸人民的生活，也是践行习近平生态文明思想湿地管护建设的时代样本。

（一）坚持人与自然和谐共生，全力打造生态旅游资源

湿地生态系统是维持人类发展的地球生态系统的基础要素，只有呵护好湿地，人类才能正常生存和发展，同时对湿地的开发和利用要秉持人与自然和谐共生的理念。

闽江河口湿地保护细节处处显示人与自然和谐共生的理念。福建闽江河口湿地主要分为两个部分：一个是湿地自然保护区，另一个是湿地公园。两者侧重不同，湿地保护区用于全面保护湿地生态系统、生物资源和自然环境，而湿地公园强调在保护的前提下，一方面缓冲游客对保护区的干扰，另一方面让居民共享生态保护成果，让湿地公园成为人民群众共享的绿意空间。

闽江河口湿地公园依照《闽江河口国家湿地公园修建性详细规划》，按照申报3A级旅游景区建设要求，科学合理开展功能区，明确保护与恢复措施，设置必要的管理服务设施，合理利用湿地资源，科学指导湿地公园的建设管理。一是精心打造重点景观项目。依据景观特征、游赏方式等因素，精心规划主要、专项游线，新打造了巡护步道及观鸟屋、湿地科普观光长廊、花海湿地特色农业园区和翠涛书院等多个重要观光区域；继续推进湿地生态特色农业、古榕文化街亮化和龙山生态园等多

个项目前期手续报批。二是提升服务管理设施水平。开展路网完善、标识标牌规范、公共设施建设、绿化提升和老旧设施修缮等，配备观光电瓶车、投放共享单车，在公园景观节点修建了休憩景观亭、木桥、码头，丰富了游客游览体验。三是恢复栖息地生态功能。通过租赁流转周边村庄鱼塘、实施河道清淤、投放观赏类水禽，水塘内营建大小不一的岛屿和浅滩，游客可以通过景观步道前往生态鸟岛进行观鸟、垂钓、观景，充分发挥了生态体验功能，让生态保护与生态旅游、生态休闲达到协调统一。四是保持自然原景式开发。即便建设了湿地公园，与实验区和核心区进行区隔，但是湿地公园也做了极少的开发，只开发了滩涂栈道和湿地博物馆，其他都尽量保持自然原景，而且处处都做了精心的设计，尽量做到游客通过隐蔽方式进入湿地观光、观鸟，避免对水鸟造成影响。芦苇秆建造的栈道围挡设置观鸟窗，游客可以在观鸟窗的后面躲藏起来进行观鸟，避免鸟类看到人类受到惊吓，包括处处提醒游客小声的提示牌。

（二）坚持绿水青山就是金山银山，实施退养还湿整治工作

按照“两山”理念的发展观，通过保护修复，发挥湿地的综合功能。同时，坚持良好的生态环境是最普惠的民生福祉，是生态文明建设的民生观，体现了习近平生态文明思想的人民立场、人民情怀。环境是民生，青山是美丽，蓝天也是幸福。如果没有保留足够数量的自然湿地或人工湿地，将直接影响福州的可持续发展；湿地面积的减少将极大地削弱福州区域气候自我调节功能，从而产生热岛效应，引发洪涝灾害、水土流失、污染物降解及水质净化能力下降等。

湿地公园保育区通过人工修复改造，将原来的水产养殖塘改造成成

片的岛群，岛上植物自然生成，各小岛形态各异、大小不一，水位深浅由人工通过水闸调节，各类水鸟根据深浅自由选择栖息地。自然保护区建立之前为周边村民的传统水产养殖活动区，互花米草入侵后为治理和遏制再生进行规范性养殖，共有养殖场面积 2350 亩。2018 年 1 月，管理处为扩大水鸟栖息地面积、恢复生态功能，以此为试点推动“退养还湿”工作，同年 10 月就完成了养殖塘退养及大部分面积的改造修复，同时启动改造修复后区域的管理及维护，越冬季期间加强水位管控，为各类水鸟提供适宜生境。

2018 年试点片区冬候鸟数量较 2017 年改造前增加 1500 只次，并且观测到东方白鹳、白琵鹭、黑脸琵鹭、凤头麦鸡等罕见水鸟。2019 年保护区全面展开养殖塘“退养改造”工作，2020 年 6 月就完成了全部 2123 亩养殖塘退养及设施设备清理工作，同时在部分养殖塘周边种植湿地松、罗汉松、黑松等植物，累计超过万株，用于隔离干扰和植被恢复。同年 10 月基本完成养殖塘改造修复工作。目前含公园共计完成退养还湿面积 2923 亩。2021 年 11 月，水鸟调查记录显示，该区域水鸟数量达到 5442 只次，是往年同期的 3 倍，也是近年来的最高纪录，其中斑嘴鸭数量接近 4000 只次，黑脸琵鹭 104 只。这表明“退养还湿”改造工作有效地扩大了水鸟栖息地，迅速恢复了湿地生态环境与功能。

闽江河口湿地退养还湿工作取得突出成效得益于地方党政领导的重视和湿地工作人员的坚守，养殖户的理解、割舍与奉献。根据长乐区政府关于闽江河口湿地退养补偿问题的协调会意见，经修改、细化、征求意见，2018 年 8 月颁布了《福州市长乐区人民政府关于福建闽江河口湿地水产养殖场退养补偿实施方案》，限期停止片区内的水产养殖活动，签订退出养殖及生态补偿协议养殖场和部分水产养殖场改造。不少环保意识高的养殖户第一时间退出，还被聘为湿地的管护员。“数丛莎草群鸥落，万顷江田一鹭飞”构成闽江口湿地上一幅幅令人流连忘返的优美画卷。可以说闽江河口湿地，四季皆有景，景色各不同。刚入秋，湿地仍然是满眼的绿色。尤其是晚些再到深秋时节，栈道两旁，大片芦苇发黄，泛白的芦花在风中摇曳。不论潮水新涨，还是江水退去，随处可以看到飞鸟的身影，夕阳西下，飞鸟纷飞，景色分外优美。但是十几年前这里却都是密密麻麻的养殖围网，水面上横七竖八的网格，使鸟儿根本不愿意在这里栖息。现如今美丽的闽江河口湿地，是一片失而复得的湿地，标志着人们对生态环保意识的觉醒，集结了几代湿地人对此的保护和建设。

（三）坚持山水林田湖草是生命共同体，开展互花米草综合治理

坚持山水林田湖草是用系统理论统筹生态环境治理的有效方法。湿地是山水林田湖草这一生命共同体的内在一环，必须遵循这一方法论，按照系统工程，推进湿地保护修复。闽江河口湿地深入贯彻落实“山水林田湖草是一个生命共同体”的理念，注重保护和治理的系统性、整体性、协同性，全面提升湿地管护综合能力，加快把闽江河口湿地打造成为福建省湿地保护样板示范工程。

推进湿地保护确实是一个系统工程，比如，闽江河口湿地开展互花米草综合治理，为了抵御风浪、保滩护堤，开始引入互花米草，但是它的繁殖能力超级强，开始疯狂扩张，造成滨海湿地生态系统严重退化，成为湿地治理难题。互花米草从 2004 年开始入侵闽江河口湿地，大量的蔓延对湿地生态系统造成了严重的威胁。互花米草长势凶猛，因其植

株细密，根系深达一两米，国内无天敌，不仅会造成滩涂分布面积萎缩，挤占滩涂上底栖生物的生存空间，鸟类也很难进入觅食，而且还会排挤芦苇等本土生物生长，造成湿地功能退化，相当于滩涂生态的“窒息杀手”。

闽江口湿地的互花米草从2004年的零星分布发展为块状、片状，2008年出现在实验区、公园保育区，到2010年开始入侵缓冲区、核心区鳝鱼滩中游部分区域，现在面积达到120万平方米。2008年开始，保护区与多家科研院所合作开展项目，积极探索研究适合闽江河口湿地且行之有效的治理方法。但是因其根系蔓延、草籽传播的繁殖特征，导致互花米草年年治理，年年复生。

2018年保护区邀请中国科学院刘兴土院士及相关专家就保护区互花米草问题进行了座谈并形成意见，编制治理项目方案，规划2018—2020年除治互花米草120万平方米，在治理区域保留约33万平方米光滩供水禽觅食栖息，剩余区域进行植被恢复，种植红树林、芦苇、短叶茳芏、海三棱藨草等，丰富植物多样性。经过几年的探索寻求，闽江河口湿地找到了能够有效去除互花米草的综合治理手段，他们摒弃了以往“割除”“水淹”等单一的处理手法，而是结合当地的动植物生长环境进行综合治理。方案主要是在保护区互花米草连片入侵区域采用特制旋耕机“刈割＋旋耕”的物理方法除治，块状零星互花米草采用人工清除方式治理，治理后的区域，保留部分光滩供水禽觅食栖息，剩余区域进行植被恢复，种植红树林、芦苇、短叶茳芏、海三棱藨草等，丰富植物多样性，并进行长效防治。

经过除治和植被恢复，害草基本消除，秋茄、短叶茳芏、芦苇等本土植物长势良好，治理区域生态初步得到恢复，有效解决了闽江河口湿地外来物种入侵和水鸟栖息地保护的问题，累计除治面积 306 万平方米，恢复乡土植被 160 多万平方米。如今这里已成为候鸟新的聚集地和觅食地，高潮位时小天鹅、斑嘴鸭、鸿雁等雁鸭类水鸟在此休息，低潮位时也吸引了众多鸻鹬类水鸟在此取食。

同时结合退养还湿整治工作，做好自然保护区退出养殖、公园租赁流转农耕地养殖场、河道清淤、营造生态鸟岛、种植乡土植被群落、改造水闸等工程，将退养区域修建成适合鸟类栖息、觅食的场所，建立水鸟栖息地调节区 350 亩，同时在公园鸟类栖息地区域投放原生观赏类水禽、建立海漂垃圾清理长效机制，综合改造鸟类栖息环境，实现动植物生长环境综合治理，从而修复湿地生态环境。

（四）坚持用最严格制度最严密法治，守住湿地保护生态红线

习近平总书记指出："只有实行最严格的制度、最严密的法治，才能为生态文明建设提供可靠保障。"①

过去 50 年，我国 60%的滨海湿地已经消失，这其中就有因自然保护区法律法规缺失的"管理之痛"。福建省始终把加强湿地保护作为建设生态省的一项重要内容，进而积极推进湿地立法工作。实际上，闽江河口湿地设立之初的湿地保护管理立法难度很大。虽说福州是沿海城市，经济持续发展，但社会和民众对湿地保护的认识相对滞后，缺乏紧迫感，而任何资源都既有生态价值又有经济价值，闽江河口湿地的一部分区域仍是养殖业、水产业赖以生产生活的资源，考虑以湿地为生产资

---

① 《习近平关于社会主义生态文明建设论述摘编》，中央文献出版社 2017 年版，第 99 页。

料的人们的生产生活问题，也需为他们提供更多更好的出路，再则，新成立的湿地自然保护区缺乏科学的管理平衡协调机制，致使管理不到位，违法行为难处理。由长乐区组织先期起草的《福州市闽江河口湿地自然保护区管理办法》草案稿提交福州市人大后，在草案审议过程中，引发了保护区管理机构设置及管辖问题的争议。福州的湿地保护涉及长乐、马尾等多个县市区，闽江河口湿地自然保护区位于长乐区（约占总面积的 2/3）和马尾区（约占总面积的 1/3）境内。当时，长乐区所辖湿地自然保护区由长乐区林业部门管理，马尾区所辖湿地自然保护区由马尾区农林部门管理，这种分属管理的体制本身就是管理与立法的难题，很难适应新形势要求。

尽管各级对保护区管理机构设置及管辖范围有不同的管理意见，但依法保护的步伐没有放慢，立法的力度没有减弱。福建省始终把加强湿地保护作为建设生态省的一项重要内容切实抓紧抓好，积极推进湿地立法工作进程，统筹规划湿地保护，推动湿地自然保护区可持续发展。

一是坚持立法先行。闽江河口湿地县级自然保护区成立后，当时国家和福建省都尚未出台保护湿地的专门法律法规，出于保护和管理闽江河口湿地实际工作的需要，制定专门的湿地保护法律法规迫在眉睫。2003 年，福州市出台了《关于加强湿地保护与合理利用的意见》，2009 年，福州市人大常委会将制定闽江河口湿地管理办法列入立法计划。2010 年，福建省人大批准实施《福州市闽江河口湿地自然保护区管理办法》，确立了自然保护区的法律地位。《福州市闽江河口湿地自然保护区管理办法》是目前国内为数不多的由省人大批准的一区一法，对保护范围、管理体制、保护措施等作出了详细规定，为保护区建设和管理提供了有力的法律依据。随后，省、市各级相继出台关于湿地保护的近10部法律法规，较好地将闽江河口湿地的改革和发展成果得以法治化，解决了其他森林生态法规条例中未能规范的事项和湿地管理执法中出现的新问题；同时，福州市、长乐市政府明确保护区的权利人身份，让湿地地权、水权、林权清晰，不仅保住了这片湿地的抢救性成果，而且转向了科学有效的全面保护。

二是坚持科学规划。组织专家对湿地保护资源进行调查评估，编制湿地保护工程实施规划，落实湿地面积总量管控，提升湿地生态功能。以2018年福建省闽江流域山水林田湖草生态修复项目被列入全国第二批试点为契机，以《福建省加强滨海湿地保护严格管控围填海实施方案》《闽江河口湿地保护管理样板建设方案》《闽江流域（福州段）山水林田湖草生态保护修复控制性详细规划（2018—2020年）》等文件为指导依据，紧密结合湿地保护具体实践，细化制定《福建闽江河口湿地生物多样性保护与恢复工程建设方案》《闽江河口湿地保护区保护提升规划》等一系列规定，多方位夯实湿地保护的制度基础，以最严格的措施坚决守护湿地保护生态红线，全面抓好湿地保护工作。重点突出动植物资源和生态系统保护，积极开展宣传教育活动和科研监测。目前，已建成集保护、科研、宣教于一体的可持续发展的自然保护区。通过多方位夯实湿地保护的制度基础，以最严格的措施坚决守护湿地保护生态红线。目前，法制保护下的福建湿地共有5类21型108个区划，总面积87.1公顷，占全省陆域总面积的7.02％。

三是坚持严格执法。以生态安全为底线，以监管执法为抓手，扎实推进湿地保护工作。通过实行分区管理、加大巡查力度、实施退养还湿等措施，把湿地自然保护区纳入森林公安执法管理范畴，与海洋渔业、水利等部门及相关地方联合形成常态化执法检查机制，有效打击破坏湿地和干扰候鸟栖息等违法行为，累计退养还湿面积464亩。

（五）坚持创新合作模式，全面深化湿地保护科研相结合

深入推进湿地保护和科学利用的研究探索，积极与世界自然基金会香港分会、中国野生动物保护协会以及美国保尔森基金会等国内外组织开展多项合作，不断拓展合作领域，创新合作模式，提升湿地保护管理能力。

一是设立院士工作站。2010年，依托福建省“院士专家海西行”活动，成立全国首个湿地院士工作站，进一步加强闽江河口湿地保护管理和科学利用的研究，建立湿地数据信息库，开发湿地科普旅游线路、宣讲湿地科普知识，并为政府科学规划提出建议和意见。多年来，院士站在闽江河口湿地科教中心布展提升、外来入侵物种综合治理、湿地保护和湿地退化生态修复、湿地保护与社区经济发展等方面发挥重要作用，并承担“闽江河口湿地生态系统监测技术体系研究”“温室气体排放和碳氮生物地理化学循环的研究”等多项国家级湿地科研课题，取得一系列重大研究成果。

二是启动基金合作项目。2012年，与世界自然基金会香港分会启动为期5年的闽江河口湿地保育合作项目。2012年11月，福建省与世界自然基金会香港分会、中国野生动物保护协会联合组织闽港台专家、学者以及湿地保护工作者在长乐举办福建闽江河口湿地保育合作项目签约仪式暨中国中华凤头燕鸥之乡授牌仪式。通过多形式、全方位的保育措施，闽江河口湿地多项指标达到国际重要湿地标准，自然保护区更是成为“中华凤头燕鸥”的栖息地，迁徙水鸟的重要驿站、越冬地和庇护所。

三是发表《福州宣言》。2015 年，美国保尔森基金会与国家林业草原局在长乐启动“中国沿海湿地保护网络”，秉承“合作、保护、发展”精神，通过了加强沿海湿地保护的《福州宣言》。通过联合辽宁至海南的 11 个沿海省份的湿地管理部门及保护组织，搭建合作与交流的平台，实现湿地共治、信息共享。

（六）坚持全民共建保护闽江河口湿地

闽江河口湿地注重共建共享，积极推动人与湿地和谐共生。一是开展湿地宣教活动。搭建生态教育宣传平台，开展湿地保护现场教学、宣传。举办“世界湿地日”“爱鸟周”等系列主题宣传活动，组织幼儿园及中小学开展“湿地行”活动，引导学生和民众共同践行保护行动。累计编印《湿地与水鸟》书籍 4000 册，发放宣传画册资料 9 万多份。建立闽江河口湿地微信公众号平台、网页等，发挥生态文明道德窗口引导功能，吸引了数十万人关注，营造起全民爱护湿地、保护湿地的良好氛围。

二是打造共享平台。投入资金 5000 多万元，建设一座以“保护生态环境，共建和谐家园”为主题的湿地博物馆，全面展示湿地资源和保护成果，采用语声辨别技术实现虚拟导览员与观众即时互动问答。建设 2300 多米巡护步道及水鸟监测站、生态鸟岛观光区、湿地科普长廊、古榕文化示范区等景观工程。积极推进闽江河口湿地和台湾马祖岛联袂设立“保护大区”，打造“神话之鸟”的宽阔舞台，实现跨区域资讯共享、资源联动，广开鸟类等物种环境保育和合作空间。

三是挖掘湿地文化。结合周边地域历史文化内涵和民俗风情，合理挖掘自然野趣的湿地文化。加大资金投入，有计划、有步骤推进湿地周边环境建设，鼓励群众发展优质农业、观光农业和第三产业，打造集观光、休憩、观鸟和采摘乐趣为一体的生态旅游新模式，打响万亩湿地、千亩鸟岛、百种珍稀鸟类的长乐湿地旅游品牌。

四是实现生态与“生财”共赢。保护区涉及 3 个镇 14 个行政村，有 10 多万人民群众需要生存与发展。闽江河口湿地保护坚持共建共享，与保护区周边的群众实现生态与“生财”共赢。就全国的自然保护区而言，大家都面临发展与保护的博弈，极高的保护价值、脆弱的生态环境，区域经济的发展冲动，是当前保护区建设管理争议的焦点。对传统的自然保护区建设，保护的色彩更重一些，没有充分征求百姓的意见，也没有充分考虑百姓的利益问题。长乐是经济相对发达的地方，是闻名世界的侨乡，湿地自然保护区建设应更加开放开明，尽可能满足两个“有利于”——有利于生态系统的保护，有利于当地周边社区老百姓的协同发展。从建设开始，长乐区便结合林业建设和改革，试点生态移民，发展种苗产业、试水湿地水域季节养殖，探索解决区域周边居民生活、生计方面等问题，包括经营家庭旅馆、发展湿地自助旅游接待等相关扶持措施。而且还在湿地区域周边就近聘用有困难、有需求的人担任湿地管护员，在保护湿地生态的同时获得了保护与建设的红利。

第四节　教学流程

时间	教学地点	教学内容
1 小时 15 分钟	党校门口集合乘车，乘大巴至闽江河口湿地	教师介绍闽江河口湿地国家级自然保护区情况
30 分钟	闽江河口国家湿地公园	沿水上栈道步行至第一个观鸟屋，听现场讲解，感受人与自然和谐共生景象
30 分钟	闽江河口国家级自然保护区	现场讲解闽江流域山水林田湖草生态系统修复、互花米草综合治理等湿地管护经验
40 分钟	闽江河口湿地博物馆	现场了解闽江湿地发展历程、湿地功能作用，以及与湿地管理人员现场交流座谈
1 小时 15 分钟	乘车返回党校	返回途中教师进行课程总结

第五节　教学研讨

1. 结合福州实际谈谈我们应如何保护修复湿地。

2. 谈谈未来如何深入贯彻习近平生态文明思想，保护好闽江河口湿地。

第六节　总结提升

闽江河口湿地是长乐坚持生态保护、绿色发展、民生改善有机统一的一个缩影。长乐区枕江面海，作为省会城市福州的门户，拥有森林、海洋、湿地三大自然生态系统，具有良好的区位优势和资源禀赋，有条件、有能力、有责任当好新时代生态文明建设的排头兵，这就要求必须始终以习近平生态文明思想为根本遵循，坚持生态优先、绿色发展理念，充分发挥“绿水青山”的生态效益和经济社会效益，加快建设人与自然和谐共生的现代化。

一、建设滨海山水城市

按照“绿水青山就是金山银山”的理念，探索富有地方特色的城市建设模式，把生态美、人文美、环境美贯彻始终，打造生产、生态、生活“三生融合”的发展样板。坚持生态保护第一，主动融入国家生态文明试验区建设，系统推进山水林田湖草生态保护修复，探索“生态修复＋”新模式，加大闽江河口湿地、东湖湿地等建设和保护力度，推动闽江河口湿地申报国际重要湿地和世界自然遗产名录。把握“全域滨海”的发展契机，协调推进城乡融合发展，全面推进乡村振兴，加快城市更新进度，加强历史文化街区、传统老街巷保护利用，持续开展城乡人居环境综合整治工作，推进生活垃圾分类，不断提高城市的内涵和宜居品质。

进一步加大污染治理力度，打好升级版污染防治攻坚战，严格落实河湖长制，持续改善河湖水环境，不断提升空气质量，解决群众关切的“急难愁盼”生态环境问题。

二、构建绿色产业体系

构建绿色产业体系，既是推动高质量发展的必然要求，也是生态环境保护治理的治本之策，对于促进经济结构优化、加快发展方式转变、实现可持续发展具有重大的意义。要充分发挥长乐在数字经济领域的优势，积极培育新兴产业，下大力气引进 5G、高端装备、集成电路、大健康医药产业等富有“含金量”“含绿量”“含新量”的重大项目，建设独具特色和比较优势的产业体系。加快用工业互联网推动技术改造，创建绿色园区、绿色示范工厂、绿色供应链示范企业、绿色设计产品等项目，推动传统产业实现智能化、清洁化转型。依托闽江河口湿地公园、东湖湿地公园等重大生态项目，发展滨海旅游、生态观光、康养等产业，不断放大生态效应。

三、完善制度体系保障

生态文明建设必须依靠制度、依靠法治。只有实行最严格的制度、最严密的法治，才能为生态文明建设提供可靠保障。要进一步强化政策支持引导，建立生态系统价值核算、生态产品价值实现机制和政策体系，完善经济社会发展评价体系，将资源消耗、环境损害、生态效益纳入其中，强化约束性指标管理，建立体现生态文明要求的目标体系、考核办法、奖惩机制。把碳达峰、碳中和纳入生态文明建设总体布局，建立碳汇补偿机制，实施一批低碳试点示范工程，推进生态资本市场化运作，确保合理配置自然资源。创新环境执法监管体系，健全完善生态环境损害赔偿制度和责任追究制度，继续实施推广长乐生态保护公益诉讼制度等，通过源头预防、过程严管，大幅提高违法成本，倒逼企业落实主体责任，依靠制度的硬约束为生态文明建设保驾护航。

四、树牢生态文明理念

践行习近平生态文明思想是一场涉及发展理念、生产模式和生活方式的大变革，需要全社会形成共识。一方面，要突出抓好党员干部这一关键少数，加强党员干部教育，将习近平生态文明思想作为党校干部培训的重要内容，引导党员干部树立正确的政绩观，全面理解人与自然的关系、发展与生态的关系、科学治理与节约资源的关系，强化红线、底线、上线意识，切实提升党员干部生态治理和绿色发展本领。另一方面，积极开展生态教育工程，建设多层次、全方位的宣教体系，全面普及推广生态文明共识，引导每个社会公民增强节约意识、环保意识、生态意识，倡导绿色、低碳、环保的生活方式，做生态文明理念的宣传者、传播者、实践者。

几代湿地人的努力为福州留下了一片美丽的绿洲，也为福州人民带来了很大的生态福利。让更多的人开始珍惜和保护湿地，实现人与自然和谐共处，也让福州的“天更蓝、地更绿、水更清”。我们要继续遵照习近平生态文明思想的科学指引，始终坚持生态优先、绿色发展理念，为创建践行习近平生态文明思想的示范区，打造高品质、高颜值的现代化国际城市作出贡献。

第四章　让河道更清　城市更美

——福州水系综合治理展示中心现场教学

第一节　教学目的

通过对福州水系综合治理展示中心的参观学习，探求十六字治水方略下的福州实践，让学员感受福州水系生态的变化，认识城市水环境建设与保护的重要性，引导学员在实践与理论的结合点上进一步认识习近平生态文明思想的内涵与实践，启发学员准确把握生态文明建设的战略方向，在推进地方高质量发展的实践中贯彻落实好习近平生态文明思想。

第二节　背景资料

一、历史背景

教学点 1： 水系治理展示中心

福州地处闽江下游，闽江穿城过，内河遍城内。主城四区内有 107 条内河，支流 49 条，城区由东往西、由南往北内河互通，分属白马河、晋安河、磨洋河、光明港、新店、南台岛等六大水系，汇水面积 300 多平方公里，总长 244 公里，水域面积 10.08 平方公里，水面率达到

4.44％，是国内水网平均密度最大的城市之一。

自古福州人依水而居，在内河旁生活，在内河旁营生，犬牙交错的丰盈内河水润泽津润着这个城市，也见证了其发展。汉时，福州海湾之地仍是一片汪洋，号称“大泽”。大江之水远自闽北而来，福州北面山西之水亦汇流聚于湾中。远古时期的海侵、海退现象，影响了福州海湾的地理环境。闽越先民之所以选择在福州定居，并且建城设治，长期相沿不绝，正是看中此地优越的自然地理环境和方便的生活交通条件。福州依山傍河近海，先民定居以后，随即因势利导从事内河的水利建设。据记载，有组织的开河活动就是在最初设郡建城时，为取土而开凿护城河（城濠）。由此渐次沟通城内外河渠浦溪，之后又为了城内居民生活需要，以及内外交通、商贸经营、衙署办公、郡城防卫，而不断发展、完善城内外的水系。

城区主要的沙洲有义洲、帮洲、中洲、瀛洲、三县洲等，随着时代变迁，这些沙洲周边也陆续形成一些内河。在唐末，台江还都在水中。到了明朝，中亭街才慢慢浮出水面。海水不断向东退去，低洼地形成福州内河或内湖。上下杭路曾名上下航，地面还留下竹篙撑过的痕迹。福州俗语有“圣君殿的水，两头涨”“水淹十八洋”等昔时民谣。如今福州市区的上海、黎明、荷泽、荷花、洋中、西洋、加洋、凤凰、宁化诸新村及工业路一带，统称“十八洋路”。福州称大片的田野与河浦为“洋”。昔日，“十八洋路”各村相连，乡间小路弯弯曲曲，洪水季节一片汪洋，民谣唱道：“十八洋路路弯弯，一年洪水淹九番。”因此，福州的内河水道也是排水系统中的一个重要组成部分。这些星罗棋布的河道不仅可以滋润空气、调节气温，而且还可以蓄水排洪，不致一雨成涝。

但由于城市建设过快，近年与国内许多城市一样，面临“逢雨必内涝”的新情况。1953 年，福州市开始修建闽江下游防洪堤，总长超 100 公里。其中保护市区堤段 12.9 公里，标准不断提高。

历史上，福州内河清澈见底，也曾有过“河边捕鱼、捉虾、戏水、洗菜、淘米、百帆漂渡”盛况。然而，自 20 世纪 70 年代末以来，在城市化和工业化的快速发展过程中，由于规划不健全，管理不得力，生活污水、工业废水乃至各种垃圾肆意入河，福州内河承受了过多的污染负荷，逐渐成为排污纳垢的通道和容器。水生态系统受到破坏，水污染日趋严重。同时，由于占用河床违章建筑和损坏内河驳岸的现象也时有发生，造成河道淤积，排水不畅，河床日渐收窄淤塞，内河水质恶化，调蓄及行洪能力下降，等等。所幸的是，这一问题逐渐得到了有关各方的重视。自 20 世纪 80 年代末起，福州市持续开展内河治理工作，政府每年都拨出百万元以上的资金治理内河，先后改建或整治了白马河、晋安河、东西河、安泰河等十多条河道，1993 年，福州市人大还通过了《福州市城市内河管理办法》。然而由于历史欠账过多，加之财政紧张，福州市内河治理推进缓慢，效果反复。

教学点 2：光明港、魁岐五孔闸

光明港位于福州市东城区，光明港西起六一路，东至五孔闸（光明港与闽江交汇处），全长 6545.8 米，宽 50～140 米，是福州市区最大的骨干河道，也是闽江下游分布在城市水网里的重要组成部分。

光明港前身是闽江口沙洲或者海退的沼泽遗存，民国 24 年（1935 年）由福州水利总工程署开挖而成，是晋安河、新港河、瀛洲河入闽江河道，在当时的交通运输中起着重要的枢纽作用。每逢端午节，河上龙舟竞渡，观众如潮。但随着水上运输功能的消退，光明港一度成为当地村民宰杀猪牛羊的地方，周围环境原始、杂乱。城市化发展以来，光明港诟病很多——地处城乡接合部，两岸旧屋林立，存在较大的消防安全隐患，部分河段沿线建筑形态凌乱；河道上的管线多且杂乱无章，严重影响河道排洪排涝的功能和河道的景观；河面漂满垃圾，河水腐臭，岸边多处垃圾成堆，市民从岸边走过多是捂着口鼻，不愿过多停留。随着整治步伐的推进，整治提上作业日程，光明港逐渐展露新颜。

光明港是东区的内河防洪排涝的重要枢纽。福州市东部片区流域面积136平方公里，其汇水唯一出口的光明港同时也是城区最大的蓄洪区，调蓄库容有580万立方米。从光明港上游往下游依次有瀛洲河、晋安河、光明港一支河、二支河、凤坂河、磨洋河汇入，通过内河水网，最终进入闽江。比如，晋安河、磨洋河等主要内河的雨水，都要汇集在这里，再从五孔水闸和魁岐水闸，进入闽江，这么多条内河经由光明港内河与闽江交汇，可见光明港所承担的压力之大。

教学点3：闽江、三江口生态公园

闽江是福建、福州的母亲河，闽江流域福州段始于闽清县雄江乡，覆盖闽清、永泰、闽侯、市区、长乐等县（市）流域，人口约占福州市人口的69.5％，经济总量约占福州市的75.4％，在全市经济、社会和环境的可持续发展中占有十分重要的地位。闽江福州段自淮安起被南台岛分为南北两港，游船通过的北港贯穿市区与市区内河、湖泊相通，南港又称乌龙江，南北港到马尾汇合后经闽安至亭江再分南北两支入海。

闽江在福州市境内流域面积 8000 多平方公里，河长 136 公里。

为还江于民，让市民零距离感受通透的闽江之美，近年来福州市将原先分散的三江口堤外生态公园、堤内公园与南江滨东大道绿化进行统一提升，打造高标准、高品质三江口生态公园。三江口生态公园位于仓山区城门镇，介于闽江至南江滨东大道之间，北起魁浦大桥，南至清凉山，全长约 12 公里，总绿地面积 1893 亩。其中，魁浦大桥至三江口大桥段，长约 6.25 公里，面积超 1000 亩，被称为福州最美的滨江景观带。

二、政策部署与重要论述

近年来，我国水环境形势严峻，水生态系统功能受到严峻挑战，面临日趋严重的水危机。2011 年，中央一号文件要求实行最严格的水资源管理制度，并确立用水总量、用水效率和水功能区限制纳污“三条红线”。党的十八大做出了“大力推进生态文明建设”的战略决策，此后，生态文明成为我国发展的重大目标之一，建设生态文明城市也成为每个城市发展的内在要求。2013 年 1 月，水利部印发了《关于加快推进水生态文明建设工作的意见》，提出将生态文明理念融入水资源开发、利用、配置、节约、保护以及水害防治的各方面和水利规划、建设、管理的各环节，加快推进水生态文明建设。同年，中央首次将生态文明建设写入党章并作出阐述。2014 年，中国水资源公报显示，全国废污水排放总量 771 亿吨，用水消耗总量 3222 亿立方米，劣 V 类水河长占全国总河长的 11.7%，水环境危机问题日益严重，水环境治理刻不容缓。面对严峻形势，各省市积极开展工程治水、民生治水。2015 年 4 月，备受关注的《水污染防治行动计划》正式发布，被称为史上最严厉的“水十条”应运而出。计划提出到2020年，全国水环境质量得到阶段性改善，污染严重水体较大幅度减少，饮用水安全保障水平持续提升，地下水超采得到严格控制，地下水污染加剧趋势得到初步遏制，近岸海域环境质量稳中趋好；到2030年，力争全国水环境质量总体改善，水生态系统功能初步恢复。《水污染防治行动计划》的正式发布标志着我国政府将更加倾向运用法治思维来处理环境问题，也预示着我国将进入全面治水时代。2015年10月，我国首次将生态文明写入“十三五”规划，水生态治理得到高度重视。党的十九大提出的“加快推进生态文明体制改革，建设美丽中国”，使我国在生态文明建设的征程上获得实质性进展。同时，党的十九大通过的《中国共产党章程（修正案）》强化和凸显了“增强绿水青山就是金山银山的意识”的表述。到2016年12月，中共中央办公厅、国务院办公厅印发了《关于全面推行河长制的意见》，提出以保护水资源、防治水污染、改善水环境、修复水生态为主要任务，在全国江河湖泊全面推行河长制。

三、现实背景与治理成效

2016年，福州市被列入住建部督查的黑臭河道共43条，总长75.9公里，水域面积达1.6平方千米。中央环保巡视曾对福州内河提出尖锐批评，指出福建省一些领导干部对当地环境质量盲目乐观，对当地明显存在的生态破坏、环境基础设施落后、城市脏乱差等问题缺乏基本认识。还有一些同志把环境基础设施问题归于历史欠账，把长期存在的突出环境问题归于客观原因，既没有从主观上找原因、找差距，也没有积极采取措施去研究、去解决。对群众反映的突出环境问题重视不够，往往等到上级督办或媒体曝光才下力气解决……福州市污水收集管网严重不足，支管接管不到位区域达78平方公里，占城区总面积的34.4%，大量生活污水直排环境。据测算，福州市主城区生活污水收集处理率仅为66%，每天约22.7万吨生活污水直排城市内河，金港河、龙津河、洋洽河和茶园河等城市内河垃圾、淤泥和油污漂浮水面，河水呈现墨色，黑臭严重。

内河整治，一直是万众瞩目的民生工程，更是复杂而浩大的长期工程。2016年以来，按照国务院“水十条”和生态环境部、住房城乡建设部《城市黑臭水体整治工作指南》《城市黑臭水体治理攻坚战实施方案》的要求，福州市开展了有史以来规模最大的城区内河综合整治工程。经过全市人民的不懈努力，城区主要内河黑臭全面消除，易涝点得到有效控制，内河水景观显著提升。2018年2月，福州市城区水系治理PPP项目被财政部列为第四批PPP全国示范项目。2018年12月，防涝能力大幅提升，福州市建成区44条国家督办的黑臭水体全部消除黑臭并通过专项验收，涉水设施短板逐步补齐，基本实现了“水清、河畅、岸绿、景美”的目标，治理后群众满意率连续两年均在90%以上。2018年底，在财政部、生态环境部、住建部联合举办的2018年全国黑臭水体治理示范城市竞争性评审中，福州脱颖而出，成为20个全国黑臭水体治理示范城市之一。从黑臭水体到清新水岸，从河道淤积到水清河畅，从垃圾成堆到鸟语花香，榕城内河颜值更高了。如今，内河沿岸不间断的林荫步道，串珠公园如雨后春笋般点缀着城区内河沿岸，一座水清、河畅、岸绿、景美的水韵榕城正重新展现在市民面前，让市民能够情寄内河，尽享榕城的生态之美。

第三节　教学内容

教学点 1：水系综合治理展示中心，约 20 分钟

教学内容 1：介绍福州城市水系变迁背景

讲解词：福州内河是福州城市 2200 多年历史文化的重要载体。福州水系格局的形成经历了漫长的海退城进的过程。早在汉代时，福州尚属海湾之地，历经 2200 多年的变化，海退城进，福州由古海湾逐渐向半岛、盆地演变。汉初，福州尚属海湾之地，闽越王无诸建都东冶，筑冶城，城外便是汪洋大海。到了西晋太康三年（282 年），郡守严康在屏山南麓扩建“子城”，设 6 个城门，城门外均有护城河。历经唐代的“罗城”、后梁的“夹城”、北宋的“外城”，到了明洪武四年（1371 年），在“夹城”“外城”的旧基础上用石头砌修扩建成“府城”。每扩城一次，要建一道城墙，每一道城墙都有护城河，唐代在护城河外建壕沟。现在的茶亭河、白马河等都属护城河。明朝后期，以水运弥补陆运，闽江穿城而过，内河扩至 50 条水系，开展大规模水上运输。内河得到充分保护利用，不断延伸、打通，把闽江水引进城来。晋代，开凿了西湖、东湖和南湖。闽北粮米、木材等资源从上游漂流而下，通过内河直达各处。而海盐鱼货也通过水系，逆流而上，通达内陆。至清末，福州城市的山水格局基本形成，乌山、屏山、于山三山鼎峙，闽江如长

龙穿城而过。另有107条内河犬牙交错，使得福州成为中国水网平均密度最大的城市之一。

河系发达本应该成为福州城市的一大名片，但和世界上的所有城市一样，随着城市化和工业化进程的加快，基础设施供给不足，内河环境遭受破坏，出现了诸如垃圾污水直排、人河争地、河道硬质化、公共水体自然容量下降、河流排水功能退化等问题，使得福州内河在相当长一段时间都是看起来脏乎乎，闻起来臭烘烘，有些沿岸居民甚至连窗户都不敢开。城区内涝和水土黑臭等问题日益凸显，成为城市变更难以回避的痛点和难点，严重困扰着福州人民群众的工作和生活，制约着福州经济社会的发展。

为了实现依法治河，1992年，福州市通过了《福州市城市内河管理办法》，赋予内河整治相关行政执法权限，设立护河员等制度，这是福州第一次将内河整治提到政策法规层面来执行。随着治理的不断推进，相关治水管水机制得到了不断的优化和完善。

西湖是当时福州市唯一大型综合性公园。为了满足福州市民对城市休闲场所的要求，市政府决定将西湖公园由原来的约47万平方米扩建到近90万平方米，使扩建后的新旧两区相互结合，形成一个动静结合，吃、喝、玩、住配套的理想休闲好去处。然而，在不到十年的时间里，由于西湖周边大量生活污水以及部分农业、工业废水的排入，西湖水体生态环境遭受破坏，水质恶化。

教学内容2：介绍十六字治水方略及新时代治水思想开展水系综合治理的具体措施

讲解词：围绕十六字治水方略，2016年以来，福州市开启了有史以来规模最大的城区内河综合整治工程。

全党动员。福州市委、市政府牢固树立“地方党委和政府主要领导是行政区域生态环境保护第一责任人”的思想，坚持党政同责、一岗双责，把水系治理工作纳入福州市党政生态环保年度目标责任状。同时，福州成立了城区水系综合治理领导小组，由市委主要领导任组长，精心谋划推动，确保思路统一、方向一致；设立黑臭水体治理工程建设指挥部及7个分指挥部，每周召开例会，统一指挥、高效执行，把水系治理工作真正打造成“一把手工程”。省、市、区、镇（街）、社区各级党委自上而下迅速形成合力，分工协作，形成“市主导、区保障、部门统筹、国企挑重担”的模式，把全市各级各部门都紧密团结起来，实现上下联动、同向发力。例如，市委、市政府在水系治理的各个阶段多次召开动员部署大会，将所有工作任务明确责任人和完成时限形成清单下达；建设、城管、园林等市直各有关部门为水系治理工作开辟了相关手续办理的绿色通道，特事特办，把所有程序压缩至最短时限。此外，还通过成立了临时党支部和党员突击队，发挥基层党组织的战斗堡垒和党员先锋模范作用。

全民动手。“人民城市人民建，人民城市为人民。”城市内河治理同样离不开广大人民群众的支持和参与。在水系治理谋划阶段，市委、市政府就组织所有市直部门到每条河道实地走访调研，了解市民最真实的感受，并“问计于民”，询问他们对于水系治理工作的建议意见，这些意见最后都融入了后续实际工作中。为实现长效治水，福州市采用政府与社会资本合作的治理模式，打包形成城区107条内河的7个水系治理PPP项目包，引入社会专业团队参与水系治理，公开招标遴选出包括北控水务集团、清控人居集团、中国水环境集团等一大批实力雄厚的投资、管理、施工团队，以及北京市政院、上海市政院等经验丰富的设计团队参与福州内河水系治理。群众是否满意应该是检验工作成效的最高标准，虽然大规模的水系治理工作基本结束，但是福州市仍然坚持每半年通过问卷调查的方式了解群众满意率，征求沿河居民意见。

条块结合。山水林田湖草是生命共同体，“就水治水”无法实现最佳效果。如何突破这一瓶颈？福州市从系统工程角度出发，坚持水陆统筹、整体推进、标本兼治。城区的山川水系、地形地貌、水系布局、流向流量、密度标高、上游下游、左岸右岸、地表地下等，都被纳入水系综合治理的考虑范畴。在治水过程中，坚持黑臭水体“症状在水中、根源在岸上、核心是管网”的系统思维，坚持水岸同治、源头管控。通过拆除内河两侧 6 米内建筑，在沿河埋设大口径球墨铸铁截污管，加强雨污分流，全面推进管网修复提升和污水处理厂提标改造工作，做到污水不入河。采用正向和逆向排查相结合的办法，排查整治污染源 3165 个，取缔小散乱污企业 132 家，规范整治隔油池、沉淀池、排废口等设施，实现从源头上截污治污。同时，摒弃了以往“就河治河”的老观念，把治水的视线从河道本身延伸到了整个流域，对全市 156 条主、支河进行全流域治理的同时，也同步实施了地下管网修复改造、老旧小区雨污分流、城中村连片旧改、沿街沿河污染源治理等工作，将内涝治理、黑臭水体治理、污染源治理、水系周边环境治理等方案，同步实施、环环相扣，全链条治理取得了明显成效。为打破以往“九龙治水”的格局，福州市还整合涉水部门及其下属 5 个管理单位，在全省首创组建城区水系联排联调中心，集成防洪、排涝、调水、除黑臭等功能，统筹调度全城上千个库、湖、闸、站、河等，构建“多水合一，厂网河一体化”的管理模式，实现一套预案、统一调度，应急响应速度和日常工作效率大大提高。

齐抓共治。水系治理“三分建，七分管”，不仅要“重治理”，更要“善管护”。福州市不仅开展集中性的攻坚，从技术层面实现水体不黑不臭不涝，更重视治理后的常态管养、长效管理，实现内河长“制”久“清”。自2019年6月1日起，《福州市城市内河管理办法》正式施行，意味着内河管理上升到了法治层面。与法规相配套，福州还建立了内河名录制度，让每条内河都有自己的“身份证”，并创新推行“政府河长”+“企业河长”协同管理的“双河长制”，协同开展长效管理工作，每条河道不仅由地方党政“一把手”担任行政河长，负责统筹河道管理的全部事宜，还安排一名企业河长，承担河道保洁、设施维护、管网巡检、绿化养管等日常性具体管理工作，及时发现并处置各类突发情况。为了解决“建管脱节”的问题，福州将PPP项目全生命周期确定为15年。企业在2—3年的建设期后，还需负责12—13年的运维，确保“谁建设、谁养护”。同时，设立对水质维持、环卫保洁、设备运行等情况的综合评价体系，对运营效果的评判结果与付费直接挂钩，激励服务方加强治理后管护运维，确保水质长期稳定。同时福州市还开展了一系列常态化的监管养护。比如，试点设立“水系智慧公示牌”，实时监测并公示水质pH、溶解氧、浊度等参数，方便市民监督水系治理成效。在全省率先组建60人的水系巡查队伍和126人的“护河团”，紧盯偷排、混排等问题，实施常态化巡查监管，不断找症结、除病根，提供“保姆式”服务。按照“管网健康每一公里”的目标，对全市2050公里管网进行

“全身体检”，形成“健康档案”，全力维护好水生态环境。

教学内容 3：介绍福州城市水系大美图景一体化

讲解词：经过不懈努力，城区主要内河黑臭全面消除，易涝点得到有效控制。2018 年，福州市获评首批“全国黑臭水体治理示范城市”。“人民对美好生活的向往，就是我们的奋斗目标”。为了满足人民群众对水清、河畅、岸绿、景美的美好生活新期待，在此次内河水系治理中，除了全面整治内河污染外，福州市还致力于完善和提升水系周边环境以及全流域水体环境。福州市创新性提出了“串珠公园”理念，以沿河步道和绿带为“串”，以较大的块状绿地为“珠”，串绿成线、串珠成链，打造 680 公里滨河绿带、379 个串珠公园、4000 多亩绿地的装点，将整个水系串联，种树成荫、植绿造景，设置廊桥、叠水、滨河步道和观景平台相结合的旅游休闲观光带，形成了连续贯通、有风有水的城市绿色通道、生态走廊和人文空间，让市民尽享“推窗见绿、出门见园、行路见荫”的生态福利。还诞生了流花溪、台屿河等新晋“网红河”，开发了晋安河、白马河等游船项目，让老百姓切身感受到“临水而居、择水而憩”的获得感和幸福感。

教学点 2：光明港、魁岐五孔闸，约 15 分钟

教学内容 1：光明港游船，介绍光明港水生态治理及其沿岸串珠公园的建设

讲解词：为进一步提升城区生态环境，给广大市民提供一个良好的休闲游憩空间，福州市政府于 2012 年启动光明港综合整治提升工程，多个部门多管齐下整治内河，搬迁连家船民上岸，对河道进行截污、清

淤、生态补水、河面清洁，拆迁沿岸棚户区和旧房子，因地制宜改造为公园。2016 年以来，光明港水域整治以满足防洪排涝为前提，以改善水质为首要步骤，在满足内河防洪排涝功能的前提下，通过清淤、驳岸修建、截污等，通过对内河水质生态环境的综合治理、河道及其两岸街区的景观开发建设，恢复河道的各项功能，实现水系水体不黑臭、河道排洪顺畅。同时，以空间开发和合理利用为基本准则，增加开放空间和完善的步行系统、休闲健身配套设施等。提升改造后的光明港公园在原有基础上新增了 27 处林下空间、15 处亲水平台，园区内还配备有游船码头、龙舟看台、儿童游乐场、健身设施等便民设施。以串联生态和休闲廊道为重要途径，两岸建起沿岸公园，与光明港公园形成一个整体的景观公园，打造全长 27.1 公里的福州市最长滨水景观带，从而实现内河周边地块与城市功能的顺畅过渡和联系，优化沿岸人居环境和景观，改善城市开放空间和步行空间体系，优化城市生态廊道。经过综合整治后，光明港两岸将建设集防洪排涝、水陆观光、休闲健身等功能于一体的综合性大型公园——新光明港公园。

教学内容 2：游船途经魁岐五孔闸，介绍魁岐五孔闸改造及其对内河调蓄的作用

讲解词：位于江滨中大道魁岐附近的五孔闸，是控制光明港内河水排放闽江的主要出水口之一，2017 年 2 月启动了改造工程。改造前的五孔闸通往光明港的进水口出现了塌方、裂缝等，而且旧进水口坝体挡墙是用条石垒砌而成，下面用大量抛石加固，对五孔闸过水形成了一定阻碍。新建的混凝土挡墙清除原有七八米宽的水下抛石，长 100 多米，厚度达 1.2 米，虽然比旧挡墙矮了两三米，但更宽、更牢固，不仅消除

了旧进水口堤坝隐患，还增强了光明港排涝能力，改造后的五孔水闸的设计能力达到每秒300多立方米。闽江水位低于内河时，利用水闸排水；闽江水位高于内河时，排涝站根据水位，开机运转，抽排内河水到闽江，通过科学精确的调度，有效降低城区水系水位，腾出库容应对内涝。此外，改造中还将原先平台式的岸堤改建成斜坡式，铺装生态预制块，并在预制块的孔洞中植草美化堤岸。

图4—1　治理后的光明港

图4—2　魁岐五孔闸

作为城区最大的蓄洪区，光明港沿线目前已建有东风排涝站、魁岐排涝站和五孔闸、九孔闸等排涝设施，但从往年情况看，排涝能力还是不足。目前，福州市还在推进魁岐排涝二站工程3台大型立式轴流泵的规划建设。按照规划，魁岐排涝二站选址五孔闸与魁岐排涝站之间，与魁岐排涝站并排布置，建完后排涝能力达80立方米/秒，建成后将使福州市主城区排涝标准由5年一遇提高到20年一遇。排涝站投入使用后，将与福州市城区的八一、登云、过溪3座水库，以及琴亭湖和整治后的内河，一起通过“数字防汛”平台实行科学调度，提高整个城区的排涝能力。

教学点 3： 闽江、三江口生态公园，约 10 分钟

教学内容 1： 闽江游船，介绍闽江治理背景及其举措

讲解词： 2017 年以来，福州市坚持城市水系治理与闽江流域整治相结合，开展城区 107 条内河水系综合治理与闽江约 170 公里沿线规划管控，确定以改善闽江流域生态环境质量为核心，以闽江干流、主要支流和重点湖库为突破口，统筹推进污染防控、生态修复、保护开发、安全保障等工作，以加快建设安全、健康、美丽、繁荣的“幸福闽江”。

为改善闽江生态景观风貌，福州市曾出台《闽江沿线规划管控与整治方案》，对闽江福州段范围内的景观风貌进行整治。通过及时打捞江面垃圾、拆除违章建筑、取缔违规堆沙点、全面排查治理入河排污口、清理湿地上的垃圾、花化美化闽江公园、增加夜景照明等措施，提升闽江水质及沿线生态景观风貌。

除对沿岸生态环境进行保护修复外，针对四城区以外的闽江沿线建设项目开展景观风貌审查也是管控工作的一个重要环节。方案出台以后，新建的沿江建筑都需要经过一轮“专家会诊”的审查。一查出让指标，检查建筑的容积率、建筑高度是否合规；二查建筑形态，在设计上是否美观合适，是否与周边环境协调，对设计不美观的建筑要求改换方案，力求美观大方。市资源规划局还会同相关职能部门针对闽江沿线问题制定了多项管控整治技术导则，为闽江沿线各县市区生态修复、风貌管控提供标准。2018 年，闽江沿线全线共完成了 400 多项整治项目，生态景观风貌得到了很大改善。

教学内容 2： 游船终点三江口生态公园，简要介绍其作为闽江沿岸生态景观建设的经验做法

讲解词：为还江于民，让市民零距离感受通透的闽江之美，近年来福州市将原先分散的三江口堤外生态公园、堤内公园与南江滨东大道绿化进行统一提升，打造高标准、高品质三江口生态公园。三江口生态公园是在生态修复基础上，对林带廊道再梳理，让景观能开合有致，疏密变化，打造显江透绿、看山望水的诗意新体验。作为三江口片区最重要的滨江景观带，其山水格局宏大、资源条件得天独厚，和会展中心、艺术中心、梁厝村等共同形成的迎宾景观带是福州最重要的城市窗口和名片。同时，作为“两江四岸”整体品质提升工程的重要组成部分，三江口生态公园创下多项福州之最：福州最大滨河沙滩、福州公园最大的户外 11 人制标准足球场、福州市最大的粉黛乱子草场。以“福文化”为特色打造八福节点，依照保生态、通廊道、显文化、聚活力、创意境、塑网红理念打造出海峡文化艺术中心、船厂旧址、滨河沙滩、福娃天地、阳光草场等十大网红打卡景点，让民生有温度、幸福有质感。

图 4—3　三江口生态公园

第四节　教学流程

水系综合治理展示中心处集合，教师课前导入和布置思考题——水系综合治理展示中心听讲解、看视频，了解福州市水系治理的历史过程以及现状——水系综合治理展示中心附近登船，实地游览白马河观看福州水系治理成效、讲述福州水系治理过程背后的故事——魁岐五孔闸——闽江——三江口生态公园——游船上分组研讨——教师总结点评。

第五节　研讨交流

1. 福州水系治理过程中需要解决的关键问题有哪些，并结合实际工作谈谈如何贯彻落实好习近平生态文明思想?

2. 请结合国内外内河治理与发展的成功案例，谈谈城市内河治理与开发的启示与思考?

第六节　总结提升

一、水系治理是生态文明的重要内容

水是生命之源、生态之基，是人们赖以生存与可持续发展的重要战略资源和物质基础。水生态文明建设是生态文明建设的重要组成部分和基础内容，是促进人与自然和谐相处、水生态系统良性循环的关键战略举措。为了加快推进水生态文明建设，水利部于2013年印发了《关于加快推进水生态文明建设工作的意见》，正式确立了水生态文明的概念，明确要求把生态文明理念贯穿到水生态治理的全过程。水生态文明建设以遵循人水和谐为指导理念，以实现水资源的可持续利用、经济社会的可持续发展以及保障自然生态系统的良好循环为目标，涉及水安全、水文化、水管理、水生态等方面。城市水系主要由水库、河流、湖泊等组成，承担着防洪抗涝、供水、水系自净、气候调节、休憩旅游以及生态环境改善等功能，城市水系治理是水生态建设的题中应有之义。推进城市水系综合治理，可加强水利基础性工程建设，完善防洪抗涝等水利设施系统，完善污水处理配套设施，促进生态河道的治理以及生态环境的保护，既能满足人民群众生产发展的基本需求，也有利于优化水资源环境和生态环境，为推动城市绿色转型、实现社会和谐发展以及建设美丽中国奠定坚实基础。

（一）有利于推进水生态文明建设

水是城市发展的重要自然和经济资源，推进城市水系综合治理能够提高城市水生态服务功能，有利于城市水系资源的合理开发和利用，拓展水生态文明载体，统筹协调生态景观和人文景观，保障城市水生态系统以及生态环境的健康和稳定，推动水生态文明建设，促进人类社会和自然水体的协调相处。

（二）保障经济社会的可持续发展

城市内河水系伴随着城市的发展而不断演变，积淀了丰富的文化内涵，蕴含着一定的经济价值。福州内河最初是作为护城河存在，随着城市规模的不断扩张逐渐演变成了内河，历史厚重感极强。在文化休闲和旅游大发展的背景下，推进福州城市水系治理可消除经济发展与城市水环境保护之间的不协调因素，有效改善城市的投资环境、带动土地增值，促进就业、拉动产业转型升级以及增加财政收入等，从而使福州城市社会经济发展更富有持续性。

（三）有利于提高公众幸福获得感

随着城市居民生活水平的不断提高，公众贴近自然的归属感和对良好环境的需求越来越强烈，推进城市水系治理，既有力提高了河道的抗洪防汛能力，避免当地居民免受洪涝灾害的影响，保障其生命财产安全，又大大降低了城市内河污染，保护了城市河流水质和饮水水源，满足群众安全健康的供水需求，同时有利于建设“水清、河畅、岸绿、景美”的宜居型城市，为人民群众创造更加美好的生产生活环境。因此，从本质上看，城市水系治理就是为了人民群众的生产生活服务的，以社会公众的需求为目标，提升城市水体质量，提高群众的幸福感和获得感。

二、福州水系治理过程中需要解决的关键问题

（一）在价值追求层面，需要解决“绿水青山就是金山银山”等生态文明理念的普及问题

水系综合治理是一项庞大的长期系统工程，涉及清淤截污、引水补水、污水收集处理、重点河道和湖泊整治、拆除沿岸违建、产业结构转型升级以及城市生态治理修复等工程建设。福州水之患积弊日久，冰冻三尺非一日之寒，需要投入大量的人力、物力、财力等。在整个治理过程中，如何平衡经济社会发展与水资源、水环境之间的关系，提高水系治理的科学性和有效性，这既需要进行合理的分工任务安排，更需要科学的理论指导。习近平总书记指出：“我们既要绿水青山，也要金山银山。宁要绿水青山，不要金山银山，而且绿水青山就是金山银山。”[①]“绿水青山就是金山银山”是对于生态环境保护与经济社会发展辩证统一关系的高度凝练和概括，要求在发展社会经济过程中要尊重自然规律，保护和爱护自然，促进人与自然和谐相处。

福州市开展水系综合治理工程，就是要从政府、企业、社会公众等多个层面进行既有认知的转变，从原来的经济优先发展向生态环境保护优先转变，从追求经济发展速度向追求经济高质量发展转变。

首先，树立人水友好的价值观。好的意识观念是约束社会主体养成对待水资源和水环境行为模式的重要基础。要采取各种措施提高公众关爱、珍惜和保护水资源意识以及用水、亲水的文明程度，营造良好的水

① 《习近平关于社会主义生态文明建设论述摘编》，中央文献出版社 2017 年版，第 20—21 页。

文化氛围，让社会主体了解水生态环保相关知识，让社会公众和企业充分意识到水对于人类生存发展以及文明延续的重要意义，培养其爱河护河的强烈意识，激发公众自觉采取护河行动，促进企业和公众树立人与水友好相处的价值观。这种价值观的培育有利于公众和企业在遇到水环境与自身利益相冲突时能够看到长远和社会整体的利益，能够基于人类长远发展的根本利益的角度来看待政府对水生态治理采取的相关政策方针，从而自觉调整自身对待水环境的行为，而不是从眼前利益出发，以危害水资源环境来寻求自身短期利益。例如，社会上一些企业为了自身发展而过度抽取地下水、浪费地表水，随意向内河排放污水等。如果具有强烈关爱水环境的意识，社会主体就不会肆意向河道倾倒垃圾、排污水。

其次，建立科学用水的社会规范。经济社会对水资源的开发利用一定要把握适度原则，不管是城市发展规模的扩大，还是经济社会的发展以及人民群众生活品质的提升，都应该将水资源量作为底线原则，不能超越水资源的承载限度，甚至为了保护城市水资源以及水环境，我们必须适当放慢经济发展速度，放弃眼前一时的利益，寻求经济和生态的平衡。另外平衡人水关系还可以从生产生活方式中寻求化解之道，例如，形成有利于合理利用水的生活方式，构建节约用水、循环用水的社会行为模式，等等。

最后，认识水资源所蕴含的丰富价值。水资源不仅具有调节气候、维护生物多样性、维持生态系统稳定性等生态价值，并且还可以美化环境、创造景观，为社会公众提供休闲娱乐场所。水资源所蕴含的经济价值和生态价值是不可分割的统一体，二者之间可进行合理转换，应避免以牺牲生态价值来换取一时的经济价值。要树立发展与保护相统一的理念，在充分保护水生态空间的前提下，适度发挥水域价值，发展休闲旅游产业，将福州特有的水生态优势转化为经济优势，挖掘内河旅游、内河文化、交通资源，实施水经济、水文化发展战略，以“绿水青山”实现“金山银山”，走生态价值和经济价值共赢的可持续发展道路。

（二）在治理方法方面，需要注重山水林田湖草是生命共同体的系统治理问题

“山水林田湖草是一个生命共同体”论断，强调“人的命脉在田，田的命脉在水，水的命脉在山，山的命脉在土，土的命脉在树。用途管制和生态修复必须遵循自然规律，如果种树的只管种树、治水的只管治水、护田的单纯护田，很容易顾此失彼，最终造成生态的系统性破坏”。[①] 水资源的形成及演变依附于统一的水循环过程，“生命共同体论”正是水循环的整个过程的生动写照，水源之于山，养之于林，流之于河，灌之于田，汇之于湖，各要素之间相互影响、相互作用，形成一个有机的生命共同体。

福州市在开展水系综合治理过程中，牢牢以“生命共同体”为实践导向，把握水循环理念，协调防洪、生态、供水、景观等多目标，统筹岸上岸下治理，由末端污染控制向全过程管控转变，同步推进河道清淤、沿河截污、岸上管网修复改造、老旧小区雨污分流、污水处理终端提升等控源减负工作。所以，具体来说，水生态环境的治理，一方面，要开展河湖水体的直接保护，治理任何一条水系，都要始终坚持以水质

① 《习近平关于社会主义生态文明建设论述摘编》，中央文献出版社 2017 年版，第 47 页。

净化为核心，坚持上下游同治，将视线从单纯重视河道本身扩展为整个流域治理，让死水流动起来，从被动污染治理转向主动生态化改造，严控污染物排放浓度，让污水远离河道，建立健全企业生产监控体系以及环境管理体系，对重污染企业进行重点监管，不断完善污水处理体系，恢复被破坏河道的自净能力，增强内河水的循环动力。福州城内河网交叉密布，结构较为复杂，城区从南往北、从东往西被内河互通，并且内河与闽江下游河道相连，是我国水网平均密度最大的城市，水流运动规律相对复杂。福州市在水系综合治理中，重点加强了对点面源污染源防治、流域生态修复等内河水环境问题的科学研究，鼓励社会各界开展对内河河网水流、污染物运动规律的探究，构建智能化的水系管理网络，不断提升内河水环境质量。另一方面，要倒逼陆域山、林、田、草的治理，充分利用河道内、外空间所形成的滩地资源和湿地系统，不仅要让内河的水清起来，还要让内河周边绿起来，统筹考虑流域内所有环境要素，实现山水林田湖草的有效串联和系统治理，利用综合治理的手段实现生态效益、社会效益以及经济效益的协同发展。如福州市建设的大大小小的串珠公园，借助“串”“链”“珠”等设计策略，链接内河东西岸，打造具有生态底蕴和文化特色的公园带。

（三）在制度建设层面，实行水系管理的最严格制度和最严密法治

在福州市水系综合治理的推进过程中，好的管理理念与实践做法只有通过制度建设才能固化下来，才能保证长久发挥作用，持续指导城市水系综合治理工作。因此，福州水系治理过程，应加快推进制度创新，强化各项制度执行力度，让法规和制度成为刚性的、不可逾越的高压线。

首先，要建立有利于社会公众善待水的制度规则。社会公众和企业等主体对待水的行为模式是城市水系综合治理的重要环节。如果社会主体没有一种对待水环境的友好行为，随意向内河中乱扔垃圾，随意破坏内河环境、污染水体等，那么治理成本将大大提升。因此，只有实行最严格的制度、最严密的法治，才能为城市水系综合治理提供可靠保障。健全制度体系和法规体系，将水系治理纳入法治化、规范化轨道，一方面，通过立法的手段让社会民众看到党和市政府解决水系问题的坚定态度和决心。另一方面，利用强硬的法律手段对破坏水环境现象进行严厉打击，提高违法成本，让更多的社会公众自觉约束自身行为，提升水系综合治理的法治化水平。例如，新修订的《福州城市内河管理办法》于2019年6月正式施行，让福州内河治理上升到法治层面，依法治河步入新阶段。

其次，要强调配套监管设施和执法能力的提升。执法力度是法律有效实施的关键环节，执法不严、监督不到位，必然无法弥补城市水系治理中存在的严重问题。对于福州市水系治理问题上，要明确各个相关机构在法律上的责任和义务，明确各环保部门和监督部门的执法地位、执法内容以及执法权限，落实最严格水资源管理，强化水功能区以及入河排污口的监督管理，推进跨部门水污染处理的联合执法，发挥责任追究制度的管控和约束作用，对于那些不顾环境影响盲目决策造成严重后果的人，追究其终身责任，建立生态赔偿机制，对破坏水环境和损害生态利益的企业和个人加大处罚力度，提升水生态配套监管设施的信息化建设水平，强化突发水环境事件风险防控。

最后，要有效建立和实施相应的考核和奖惩机制。为了遏制高污染、高排放的粗放型生产方式，不再单纯以经济增长指标进行考核，让领导干部树立正确的政绩观，要进一步完善考核评价体系，将水生态建设整体状况的相关指标作为衡量社会经济发展的重要指标，协调好保护和建设的关系，对节约资源、保护水资源的行为形成正向激励，对破坏水系环境行为形成有力威慑，引导各社会主体的行为自觉向着与生态文明原则相符的方向前进。

（四）在意识形态方面，需要解决好涉及生态环境的民生福祉问题

现阶段，随着市场经济改革初期目标的完成，人民群众生活质量有了大幅提升，社会主要矛盾发生阶段性质变，以“金山银山”为代表的物质文明为社会公众带来的福祉提升的边际效用正在逐渐降低，而以“绿水青山”为代表的优美生态与宜居环境等精神文明层面需求日益增长，并逐渐成为人民群众社会福祉提升的关键因素。城市要在不损害生态系统稳定性和完整性的前提下，不断提供越来越多的优质生态产品以满足人民日益增长的美好生活需要。

福州市开展水系治理，归根到底是为了满足社会公众的需求。因此，应将人民群众根本利益作为城市水系治理的根本出发点和落脚点，换言之，检验城市水系治理工作的成效，就看社会公众的生活质量是否得到改善。第一，要满足民众的优质水源需求，水是人民群众生产生活中不可替代的自然物质条件，水生态质量直接决定了民众的生产生活质量。水生态环境遭到破坏与污染，不仅会严重影响经济社会的可持续发展，而且会影响民众的身体健康。因此，城市水系治理要重点解决影响人民群众生存健康的突出水环境问题，划定饮水水源保护区，采用各种措施不断改善水源水质，让社会公众能够喝上清洁水、健康水。第二，要让人民群众享受更多的水治理成果。城市水域空间是公众日常休闲放松的重要空间，是市民对城市记忆感知的重要组成部分，可以满足市民活动和精神需求。推进城市水系综合治理过程中，除了充足的安全水的基本保障外，还应让人民群众可以享受到水环境改善带来的愉悦感，打造亲水、近水的现代城市滨水空间，构建充满水气息的生活环境，包括为社会公众提供诗情画意的天然水景观、水生态景观游憩区、亲近湖泊河流的基础设施、优质饮用水等产品和服务，实现城与水的相互交融，让优美水环境成为社会公众美好生活的重要组成部分，也让普通百姓能够直接享受到水生态文明建设带来的成果，实现水生态文明全民共建共享。

三、从国内外内河治理与发展的成功案例看城市内河治理与开发的启示与思考

（一）借鉴国外城市水系开发经验

对于城市水系资源的开发利用，欧美发达经济体都有很多的经验可以借鉴，像美国的密西西比河，像欧洲的莱茵河，都是把城市水系作为国家的重要战略资源，对于地域比较辽阔的国家来讲，对城市水系资源的使用或者从内河流域的经济整体性开发来看，内河都是一种重要的战略性资源，通过内河才能通江达海，走向世界，内陆地区产品才能走向世界的市场。因此，第一，从定位上看，应把城市水系的经济发展作为一个地方、一个城市的战略资源来使用。例如，田纳西河流域的综合治理，在防洪的基础上，大力发展水运、水电等产业，从而促进旅游业的发展，在取得生态效益的同时也获得了良好的经济效益。再比如莱茵河流域的治理，在对自身资源状况进行精准定位的基础上，将航运作为内

河开发的首要目标，构建河海港口相连的航道网，促进了流域经济和国际贸易市场的联结。第二，从国外利用城市水系资源的成功案例共性来看，都有一套健全的法律法规体系，从水环境保护到整个沿河污染治理到水生态修复，都有严格的法规制度作为顶层约束，减弱条块分割体制所形成的障碍，协调各主体的利益冲突，保障每个单元的顺利推进。第三，建立跨部门跨流域的联席会议制度。鉴于水系治理的复杂性以及水污染物的扩散性带来的溢出效应，各关联流域行动方无法独立完成水系治理工作。而联席会议制度将整个河流变成一个整体，各关联区域各部门能够分享各流域间的水系治理情况，并就如何解决水环境保护问题进行探讨磋商以及加强合作，能够有力提升水系治理成效。第四，要有系统化的政策设计。城市水系资源开发是涉及生态、经济和资源等的重大项目，若处理不当将会给经济以及环境带来不可挽回的损失，因此，城市水系开发利用要有系统化的政策设计，像伏尔加河流域以及密西西比河的开发过程，都与科研机构、高校等开展广泛合作，进行科学规划和权威论证，明晰各主体责任，打破一亩三分地，统筹规划流域水系上下游，实现资源和信息的协同共享，形成治理合力。

（二）城市水系开发的原则和策略

1. 处理好生态效益、社会效益、经济效益的关系。

良好的水生态环境是开发利用城市水系资源的重要前提，因此，在城市内河开发利用过程中，一方面，应遵循生态效益优先原则，全面整治内河主河道，不断提升区域整体水环境，提高生态修复等方式沟通城市水系，促使河湖相连、湿地成片，有效保障区域水生态系统，加强对珍稀动植物资源的保护，全面发挥河流、湖泊、湿地等系统的生态功能，打造活力水城。另一方面，应在充分尊重自然规律以及考虑环境承载力的前提下，创新城市水系功能以及开发城市水系资源，平衡生态效益、社会效益和经济效益。例如，在对城市水系开发的目标人群进行准确定位的基础上，打造舒适开阔的滨河景观和亲水环境，让城市水系成为休闲、健身、娱乐和游憩等功能为一体的多元化开放空间，开发与水系周边居民消费习惯和生活方式相适应的多样化旅游产品，实现人水和谐，促进城市水系文化产业、旅游产业蓬勃发展，从而推动区域经济增长，增强城市竞争力。

2. 处理好政府和多元参与主体的关系。

在推进城市水系综合治理过程中，若只是政府单打独斗，必将势单力薄，并且不利于公众生态责任意识的培育，政府和社会相关主体建立合作关系，能有效配置社会资源和整合社会力量，更容易推动水生态文明建设以及实现水系高效治理。建立现代化的水系治理机制，就是在水系治理的组织实施过程中，完善水系治理的主体结构，既需要强化党建引领，发挥政府的主导作用，统筹协调各相关部门工作，也需要鼓励企业、社会组织、公众等多元主体参与治水，实现主体间的良性互动，促使水系治理从管理向治理、从政府行政主导向全民共治转变。第一，引入企业作为水系综合治理的主体，一方面，政府可充分利用企业技术优势，联合相关互联网企业建立水系治理网络信息数据库，推动跨区域跨部门信息数据的实时互通共享，完善水污染监管网络。另一方面，政府可适当引入市场竞争机制，以招投标方式引入城市水系开发项目，确保参与运营企业获得符合预期的投资回报，同时要求参与开发企业承担相应的治理和维护责任。也可以通过服务外包的方式向文化创意企业购买城市水系旅游产品或服务，把专业的事交给专业的人做。第二，要重视人民群众的参与性，城市水环境的美化需要长期持续的管理和全民的参与支持，在水系治理和内河开发过程中，应适时开展走访调研，广泛征求当地群众的意见和建议，了解市民最真实的感受，将民众建议融入水系治理实际工作中，满足社会公众对城市宜居环境的要求，同时加强向群众宣传水系治理的目标以及典型案例展示，让群众切实感受水系治理成效，制定公众参与水系治理、举报破坏环境行为等方面的奖励政策，降低社会公众参与城市水系治理的成本，提高公众的参与意愿。第三，广泛吸纳社会组织的力量。一方面，为社会组织参与城市水系治理提供渠道，通过线上和线下相结合的方式鼓励社会组织参与舆论监督、社会监督，提高其主人翁意识。另一方面，与社会组织或民间团体合作，积极开展与水生态文明相关的多层次、全方位的主题宣传教育，征集水系开发广告语设计，组织水系沿岸垃圾清理志愿活动等，提升社会主体对于城市水系开发的认同感。

3. 处理好整体规划和微观设计的关系。

城市水系开发，一方面，要做好总体规划布局，以城市历史发展轨迹以及文化底蕴为出发点，突出水系景观特色的展示，同时融入城市的个性和精神特质，体现对城市文化的传承。另一方面，在做好宏观规划的基础上，进行科学合理的微观设计。首先，根据每条河流的历史渊源、主题景观、资源状况以及发展现状，结合水系开发的规划定位，找准开发方向，开发特色旅游观光项目和文化产品，在整体和谐统一的基础上重点挖掘城市水系特点，体现流域特色以及水系之间的差异性，塑造多样化的水系生态空间。其次，重视城市水系流域水体、滨河景观、休闲廊道、夜景灯饰等亲和性，充分满足游客的亲水要求，为游客带来良好的参与性和体验感。最后，要以建立人与自然、人与水亲和关系为指导理念，尽量利用内河自身资源价值和特色优势，整合天然的风景资源要素，科学规划内河生态资源，强调沿河流域景观的真实性以及生命土地的完整性和连续性，顺势而为打造河湖生态公园、湿地公园等风景区，建设天然的绿色长廊，避免出现过多的人造景观和“商业带”，营造山清、水秀、树绿、花香的良好生态氛围。

第五章　让福州没有垃圾围城之忧

——红庙岭循环经济生态产业园现场教学

第一节　教学目的

本次现场教学通过带领学员赴红庙岭循环经济生态产业园参观学习，回顾习近平同志在福州工作期间规划建设红庙岭垃圾综合填埋场等保护生态环境的生动实践；了解红庙岭产业园实现荒山蝶变、资源循环的发展历程和建设情况以及实现垃圾“循环利用，变废为宝”的处理流程工艺；感受福州市近年来在生态环境保护方面所取得的卓著成效；学习习近平生态文明思想的内涵和精髓，加深对该思想的理解和掌握，进而身体力行地践行。

第二节　背景资料

一、福州垃圾分类推进情况

随着我国城市规模的不断扩大和城市人口的快速增多，城市垃圾总量正以惊人的速度增长，很多城市陷入了垃圾围城的困境，垃圾减量、垃圾无害化处理以及提高垃圾的资源化利用率等问题急需解决。

2019年6月，习近平总书记对垃圾分类工作作出重要指示，强调“实行垃圾分类，关系广大人民群众生活环境，关系节约使用资源，也是社会文明水平的一个重要体现”，[①] 同年住建部等部委发布了《关于在全国地级及以上城市全面开展生活垃圾分类工作的通知》，要求46个重点城市到2020年底基本建成垃圾分类处理系统，全国地级及以上城市2019年起全面启动，2025年底前基本建成。2020年4月，全国人大常委会修订《固体废物污染环境防治法》，规定在全国推行垃圾分类制度，实现垃圾分类有法可依。

作为全国垃圾分类46个先行先试重点城市之一的福州加快建立了分类投放、分类收集、分类运输、分类处理的垃圾处理系统。2019年5月，《福州市生活垃圾分类管理办法》正式施行，福州全面推行了城区生活垃圾分类工作，同年9月市政府制定了《福州市城区生活垃圾分类“四定”工作实施方案》，在前期试点基础上开展生活垃圾分类投放、收运和处置“四定”工作。

垃圾分类不仅是基本的民生问题，也是加强生态文明建设、构建绿色低碳循环发展经济体系的题中应有之义。2021年2月，国务院发布了《关于加快建立健全绿色低碳循环发展经济体系的指导意见》，指出“建立健全绿色低碳循环发展经济体系，促进经济社会发展全面绿色转型，是解决我国资源环境生态问题的基础之策”，对推进城镇环境基础设施建设升级也做出了具体的要求，强调要加快城镇生活垃圾处理设施建设，推进生活垃圾焚烧发电，减少生活垃圾填埋处理。加强危险废物

① 《习近平谈治国理政》第3卷，外文出版社2020年版，第345页。

集中处置能力建设，提升信息化、智能化监管水平，严格执行经营许可管理制度。提升医疗废物应急处理能力。做好餐厨垃圾资源化利用和无害化处理。2021 年 12 月，习近平总书记在中央经济工作会议上指出要推行垃圾分类和资源化，扩大国内固体废弃物的使用，加快构建废弃物循环利用体系。

城市垃圾处置循环经济产业园为城市美丽环境做出了良好的探索，将成为城市破解垃圾围城的新出路，也是未来城市建设的核心功能区块之一。红庙岭循环经济生态产业园作为福州城区唯一的垃圾综合处理场所，承担着福州城区生活垃圾的分类处理任务，所建项目覆盖垃圾处理前端、中端、末端全链条。产业园内各类设施通过共建共享，建起垃圾分类处理、资源循环利用、废弃物有效处置的无缝高效衔接体系，垃圾得到“全额处理”，园区也成为集固废资源化利用、节能环保产业聚集、环保宣传教育为一身的“近零排放”的森林式循环经济生态产业园。并于 2020 年底，彻底将过去“填埋为主、发电为辅”的垃圾处理模式转变为“只烧不埋，100％焚烧发电”，在全国 46 个垃圾分类重点城市中率先实现生活垃圾“零填埋”这一目标。

图 5—1　红庙岭循环经济生态产业园全景

二、产业园概况及发展历程

红庙岭循环经济产业园位于晋安区新店镇红庙岭村（福州市北郊红庙岭莲花峰北部），距离市中心约 17 公里，海拔 340～605 米，园区规划用地总面积约 358 万平方米，是福州市城区唯一的生活垃圾综合处理场所。

多年来，福州历届市委、市政府都非常重视园区建设，始终牢记嘱托、坚守初心，深入贯彻落实习近平生态文明思想，不断推动红庙岭垃圾综合处理场的发展建设。2017 年，市委、市政府结合福州市城区面积日益扩大、人口增长、生活垃圾分类工作的深入推进等因素，重新谋划，把红庙岭定位为承接全市主要生活垃圾的终端处置园区，在功能布局上充分考虑生活垃圾的集中化、分类式处理需求，推动园区全面改造升级，由此红庙岭园区实现了历史性跨越，发生了翻天覆地的变化，不到三年完成了正常需要五年才能完成的工程建设任务，进阶成为全国先进的循环经济生态产业园。

2017 年起，园区在原有 8 个垃圾处理及配套设施的基础上，启动实施了 22 个涵盖所有生活垃圾处理体系的项目建设，相继建设了垃圾焚烧发电三期、生活垃圾焚烧协同处置、危险废物综合处置、餐厨废弃物处理及资源化利用、厨余垃圾处理、大件垃圾（园林）处置厂等项目，对炉渣、飞灰、渗滤液等原有垃圾处理配套设施进行原址产能扩建，园区还启动实施基础配套设施建设、生态修复景观提升工程、数字红庙岭精细化管理和第三方监管服务平台以及园区综合服务中心等项目，总投资约 50 亿元，达到前 20 年投资总额的 4 倍。除部分旧项目采用 BOT 模式扩建外，新建设的垃圾终端处理设施均采取 PPP（政府和社会资本合作）模式，引入社会资本，有效减轻政府财政的支出压力。通过市场化运作，最终吸引了国内知名、实力强、影响力大的企业参与项目建设，先后引入社会资本达 35 亿多元。

从 20 多年前 30 多万平方米的填埋场，到 2007 年升级为垃圾综合处理场，再到如今的循环经济生态产业园，红庙岭园区实现了华丽蝶变，生活垃圾焚烧设计处理能力达到 4200 吨/日，每年处理的各类垃圾可达 47 万吨，发电量达到 1.5 亿千瓦时。作为一个在全国处理工艺先进、处置体系完善、生态效益良好的固废处理专业园区，红庙岭循环经济生态产业园将为福州市今后 20—30 年的生活垃圾分类处理提供强力支撑，确保城区生活垃圾在园区内得到无害化、减量化、资源化处理，打通了福州市垃圾分类工作“最后一公里”，为破解大城市“垃圾围城”的难题贡献了“福州智慧”。

三、产业园特色及成效

创新理念、体系建设。除部分旧项目采用 BOT 模式扩建外，新建设的垃圾终端处理设施均遵循“公开招标、规范程序、优化流程、选好队伍”的原则，采取 PPP 模式，引入社会资本，有效减轻政府财政的支出压力。

高标建设、技术引领。各项目均按照“国内一流、国际领先”要求进行建设，红庙岭园区各项目从可研到立项再到建设真正做到了高标建设、技术引领。在确定项目的可研过程中进行广泛的考察和调研，针对国内外相关项目的技术、工艺进行认真比选，选定技术成熟、工艺可靠、环保高效的方案，作为各项目的技术方案。在招标过程中，严格按照可研确定的技术方案编制招标文件，并且对投标人明确要求按照选定的最高标准进行建设。工程建设中，严格按照设定的工艺和挑选最优的设备进行系统集成，污染物排放指标均按照国家和欧盟最新、最严苛的相关标准执行。为将园区异味的控制减少到最低，采用比国家标准更严格的上海地方标准对园区项目的异味排放进行对标把控。焚烧协同处置在建设之初，就按照住建部即将出台的垃圾焚烧发电 AAA 评价标准进行设计，开启了生态修复和景观提升项目，力争将园区打造成 4A 级固废处理工业园区。

循环经济、绿色发展。能量守恒和物质不灭是自然界的两大定律，“垃圾是放错地方的资源”，园区建设始终遵循循环经济的理念，统筹利用不同生活垃圾处置项目之间的能量转换，最大限度利用各类生活废弃物中能量，实现资源有效整合，表现在“三个循环”。其一是“大循环”：市民生产、生活产生的废弃物，经园区内的垃圾处理设施成体系集中处理后变成电、基肥、生物柴油、环保透水砖等资源，再回到生产生活中；其二是“中循环”：园区各项目之间物质和能量的循环。比如，协同处置项目，它能将厨余厂、餐厨厂的沼渣，渗滤液的污泥，大件园林厂的木屑、皮革等各个厂无法在本工艺环节中处理的废弃物，集中到协同项目的 RDF 设备造粒，利用焚烧厂汽轮发电机发电后产生的余热来脱水，最终用焚烧发电完成物质和能量的循环；其三是“小循环”：园区单个项目内部物质和能量的循环。比如，在厨余项目中，厨余垃圾中的有机质分解产生沼气，通过收集和提纯后用沼气发电机发电并上网，产生的余热用于恒温厌氧罐的保温，剩余的沼渣用于园林绿化的基肥，实现项目内部物质和能量的小循环。“三个循环”确保进入园区的废弃物可以100%得到安全处置，解决了“垃圾围城”的难题。

四、产业园价值和贡献

社会效益。针对分类后的厨余（湿）垃圾、其他（干）垃圾、有害垃圾、大件垃圾等，园区均有相应的垃圾处置厂和处理设施进行无害化处理，带动了福州市民参与垃圾分类的热情，培养市民的环境保护意识和资源节约意识，有望成为示范性环保宣教基地。同时，随着福州市垃圾分类的逐步深入，全产业链可以解决的就业人口达上千人，解决了福州市区今后20—30年的生活垃圾处置问题，此外每年还可以阻止约1.095万吨地沟油回流餐桌。

生态效益。园区作为福州市各类固废终端处置的托底保障设施，确保进入园区的废弃物可以100%得到安全卫生的成体系处置，彻底解决了渗沥液污染环境问题，实现了生活垃圾无害化、资源化、循环化利用。园区每年节约能耗约6.33万吨标准煤，减排约60万吨二氧化碳当量，为福州市的节能减排和环保工作发挥重要作用，使福州市城更美、山更青、水更绿。

经济效益。各类生活垃圾经过园区内后端处理设施的生产处置在最大程度上实现了生活垃圾的资源化利用。总结来说就是“一进四出”，即进入园区的生活垃圾经过专业处理将产出电、绿化基肥、生物柴油、环保透水砖。具体来说：生活垃圾焚烧发电项目（4个），每天可发电上网约117.6万千瓦时。厨余垃圾处理项目，产生的沼气经净化后发电上网，供生产自用后，最大年可上网4000万千瓦时，平均每日可上网

10.96万千瓦时。沼渣采用好氧堆肥技术可作为市政绿化的营养土或有机肥的原料，一年的产量预计约1.8万吨。炉渣综合利用项目，每天可处理炉渣1050吨，每吨炉渣可生产315块标准环保透水砖，实现园区炉渣100%资源化利用。填埋气体发电项目，每日可收集3.8万立方米沼气，发电约5万千瓦时。餐厨废弃物处理及资源化利用项目每天可提取粗毛油约30吨，经过生物柴油系统可制成成品油约25.5吨。

第三节　教学内容及流程

教学路线：在红庙岭生态环保宣教基地下车，步入宣传教育展厅，听取讲解（30分钟）——乘车沿途察看填埋场一期生态治理、垃圾焚烧发电厂一期、二期、三期、大件（园林）项目，沼气发电项目，填埋场二期筛分治理等，在车上听取讲解（20分钟）——在生活垃圾焚烧协同处置项目（垃圾焚烧发电厂四期）下车，步行参观垃圾分类和工艺流程宣教展厅、中控室，听取讲解，进行教学研讨和总结提升（30分钟）。

地点一：生态环保宣传教育展厅

讲解主题：习近平同志在福州工作期间规划建设红庙岭垃圾综合填埋场等保护生态环境的生动实践、福州市近年来在生态环境保护方面所取得的卓著成效。

讲解词：大家好，欢迎来到红庙岭生态环保宣传教育展厅。20世纪 90 年代，习近平同志在福州工作期间，就十分重视环境保护和生态建设，强调城市发展不能走“先污染后治理”的路子，不能以破坏生态环境换取一时发展。为了破解“垃圾围城”难题，他亲自谋划、调研选址，推动建成了红庙岭垃圾综合处理场。20 多年来，福州市委、市政府一张蓝图绘到底、一任接着一任干，将红庙岭建设成为“国内一流、国际领先”的循环经济生态产业园。

图 5—2　生态环保宣传教育展厅外景

接下来，我将带领大家深入了解红庙岭循环经济生态产业园的“前世今生”。

首先请大家参观一层展厅。本展区的主题是“科学谋划、亲自推动”。1992 年，福州市日产生活垃圾约 800 吨，市区仅有两个垃圾堆放场用于简易填埋，没有进行无害化处理。随着福州城市经济发展和人口增多，原有简易垃圾场经常爆满且造成严重污染，城市有限的垃圾处理能力与不断增长的垃圾量之间的矛盾愈来愈突出，成为人们普遍关心的社会问题。

当时《福州晚报》开展 1992 年市委、市政府工作思路问卷调查，群众提出的意见建议中有很多就是反映城市建设和管理方面的问题。刊登的读者来信中，也有不少反映垃圾污染和建议完善垃圾处理设施。市人大代表、政协委员也积极提交议案，建言献策。

1993年开始，市委、市政府投入巨资建设红庙岭垃圾填埋场，并且连续3年把它列为为民办实事的重点工程。

1996年1月，红庙岭垃圾综合处理场首期工程全面竣工通过验收，仅用了两年多的时间，福州就建成投用了当时城区唯一、福建最大的垃圾综合处理场，彻底解决了垃圾出路问题，也缓解了垃圾处置所造成的二次污染，改善生活、投资环境，红庙岭垃圾场工程也被市民评为当年最满意的实事之一。

接下来请大家参观二层展厅，本展厅的主题为“接续传承　造福于民”。多年来，历届市委、市政府接续奋斗，一张蓝图绘到底、一任接着一任干，让红庙岭实现了从“垃圾山”到“产业园”的惊人“蝶变”。当前福州垃圾分类工作已经走在了全国前列，为全国的垃圾分类贡献了福州经验和方案，城市绿化、内河整治、空气质量等相关工作也取得了卓著成效，全面展示了福州在生态环境领域的亮眼成绩单。

接下来请大家观看视频，了解红庙岭循环经济生态产业园是如何坚持体系建设、循环再造和造福百姓。

红庙岭循环经济生态产业园的建成，为福州生活垃圾分类打通了“最后一公里”。垃圾分类工作也不断取得新成效，在住建部2021年第三季度考评中被列入大城市第一档第六名。福州还在全国首创了1种模式——“三端四定”、1个原则——管行业必须管垃圾分类、1座屋亭——每个小区建设垃圾分类屋（亭）和1块站牌——“公交站牌式”分类收运。

在福州，垃圾分类已经从新时尚变为新习惯，绿色生活方式兴起新风尚，这些照片展示了福州市民以多种多样的方式积极参与垃圾分类的情形。

从显示屏上我们可以看到福州主要环境指标数据的实时展示。福州蓝、水清河畅、千园之城、美丽乡愁已经成福州百姓共享的民生福祉。这是国字号荣誉墙，为我们展示了福州近年来所获得的有关生态环境保护工作的国家级荣誉。

各位学员，科学理论指导着实践，实践成果印证着理论。党的十八大以来，中国特色社会主义进入新时代，我们党对生态文明建设规律的认识提升到一个新境界。在习近平生态文明思想的指引下，我国推动生态环境保护决心之大、力度之大、成效之大前所未有，绿色发展按下快进键，生态文明建设进入快车道，天更蓝了、山更绿了、水更清了，一幅绿水青山、江山如画的美好图景正在中华大地铺展开来。

“生态兴则文明兴”的深邃历史观告诉我们，生态环境的变化直接影响文明的兴衰演替。纵观历史，放眼世界，许多重大文明的兴盛都无不起源于土地肥沃、水热丰沛、生态良好的地区。反之，曾经璀璨的古埃及、古巴比伦文明的衰落，都与生态环境恶化息息相关。习近平总书记强调，我们要站在对人类文明负责的高度，尊重自然、顺应自然、保护自然，探索人与自然和谐共生之路，促进经济发展与生态保护协调统一，共建繁荣、清洁、美丽的世界。

我们要坚持“人与自然和谐共生”的科学自然观，习近平总书记说过，人与自然是生命共同体。生态环境没有替代品，用之不觉，失之难存。当人类合理利用、友好保护自然时，自然的回报常常是慷慨的；当人类无序开发、粗暴掠夺自然时，自然的惩罚必然是无情的。人类对大自然的伤害最终会伤及人类自身，这是无法抗拒的规律。

绿水青山就是金山银山，阐述了经济发展和生态环境保护的关系，揭示了保护生态环境就是保护生产力、改善生态环境就是发展生产力的道理，指明了实现发展和保护协同共生的新路径。绿水青山既是自然财富、生态财富，又是社会财富、经济财富。

“良好生态环境是最普惠的民生福祉”，环境就是民生，青山就是美丽，蓝天也是幸福。发展经济是为了民生，保护生态环境同样也是为了民生。既要创造更多的物质财富和精神财富以满足人民日益增长的美好生活需要，也要提供更多优质生态产品以满足人民日益增长的优美生态环境需要。

“山水林田湖草是生命共同体”，生态是统一的自然系统，是相互依存、紧密联系的有机链条。要从系统工程和全局角度寻求新的治理之道，不能再是头痛医头、脚痛医脚，各管一摊、相互掣肘，而必须统筹兼顾、整体施策、多措并举，全方位、全地域、全过程开展生态文明建设。

“用最严格制度最严密法治保护生态环境”，我国生态环境保护中存在的突出问题大多同体制不健全、制度不严格、法治不严密、执行不到位、惩处不得力有关。要加快制度创新，增加制度供给，完善制度配套，强化制度执行，让制度成为刚性的约束和不可触碰的高压线。要严格用制度管权治吏、护蓝增绿，有权必有责、有责必担当、失责必追究，保证党中央关于生态文明建设决策部署落地生根见效。

当然，生态文明离不开全民共治。生态文明是人民群众共同参与共同建设共同享有的事业，要把建设美丽中国转化为全体人民自觉行动。要增强全民节约意识、环保意识、生态意识，培育生态道德和行为准则，开展全民绿色行动，动员全社会以实际行动减少能源资源消耗和污染排放，为生态环境保护作出贡献。

生态文明建设关乎人类未来，建设绿色家园是人类的共同梦想，保护生态环境、应对气候变化需要世界各国同舟共济、共同努力，任何一国都无法置身事外、独善其身。我国已成为全球生态文明建设的重要参与者、贡献者、引领者，主张加快构筑尊崇自然、绿色发展的生态体系，共建清洁美丽的世界。

各位学员，“生态环境保护是功在当代、利在千秋的事业”。生态文明建设是关系中华民族永续发展的根本大计，红庙岭循环经济生态产业园始终秉承这一思想，因地制宜，继往开来，以“国内一流，国际领先”为标准，将红庙岭垃圾综合填埋场升级改造为集固废资源化利用、节能环保产业聚集、环保宣传教育于一身，实现基础设施共建共享、资源循环利用，污染物“近零排放”的森林式循环经济生态产业园，协同推进生态环境保护与经济社会发展，探索出一条科学的生态环境保护之路，切实地把习近平生态文明思想落到实处，助力福州走向社会主义生态文明新时代。

“纤纤不绝林薄成，涓涓不止江河生”，生态文明建设离不开每一个人的努力，希望今天的参观能在您的心中播下一粒绿色的种子，让生态文明理念生根发芽，最终长成参天大树，让我们做好生活垃圾分类，践行低碳生活方式，以实际行动共建美丽中国。

展厅的参观到此结束，感谢各位的聆听！接下来将带领大家实地参观产业园区，然后再到生活垃圾焚烧协同处置项目。

地点二：园区内

讲解主题：园区主要项目概况

讲解词：大家看，这是红庙岭垃圾卫生填埋场一期项目，占地约375亩，由政府投资建设，总投资约1.2亿元。1995年10月建成投入运行，填埋库容量715万立方米，累积填埋生活垃圾约850万吨，目前已完成封场覆盖，生态修复，成了一个生态公园。

远处红白相间的烟囱矗立的地方，分别是垃圾焚烧发电厂一期、二期和三期。一期项目占地约78亩，采取BOT模式建设，总投资约1.2亿元。焚烧处理规模为1200吨/日，采用德国马丁技术炉排炉，烟气处理采取“半干法＋布袋除尘器＋SNCR系统”技术，于2007年8月建成投产。二期项目占地约21.9亩，采取BOT模式建设，总投资约2.44亿元。焚烧处理规模为600吨/日，采用德国马丁技术炉排炉，烟气处理采取“半干法＋布袋除尘器＋活性碳吸附＋SNCR系统”技术，于2015年7月建成投产。三期项目占地约63.72亩，采取BOT模式建设，总投资约5.22亿元。设计规模为日处理生活垃圾1200吨，技术工艺和二期一样，于2019年12月建成投产，初步解决市区垃圾焚烧处理设施处理能力不足的问题，改变了以前以填埋为主、焚烧为辅的不合理结构。

这是大件垃圾（园林）处置厂项目，占地约23.63亩，采取PPP模式建设，总投资约0.6亿元，比如旧的沙发家具，园林修剪的树枝等就是在这里处理的。处理规模为大件垃圾 100 吨/日、园林垃圾 60 吨/日，2019 年 10 月基本建成，满足垃圾分类中大件垃圾的处理要求。

这是填埋气体发电厂。项目占地约 2.38 亩，采取 BOT 模式建设，总投资约 0.45 亿元。项目利用填埋气体（沼气）通过德国 atea（亚德）技术湿式脱硫后经颜巴赫机组发电上网，年总发电量为 1300 万千瓦时，于 2015 年 7 月建成投产。

这是填埋场二期覆土复绿和垃圾筛分治理工程。项目分为覆土复绿和筛分治理两部分，其中覆土复绿部分投资约 0.42 亿元，筛分治理部分投资拟不超过 3 亿元。在开展覆土复绿工程建设的同时，开挖筛分出部分库容，以满足生活垃圾焚烧厂配套的固化飞灰填埋需求。实施该工作既能避免对二期填埋场筛分和综合整治工作造成不必要的困难和重复财政支出，同时又能统筹解决整个筛分期（3—4 年），非开挖区域的绿化全覆盖，及筛分期间每日产生的腐殖土出路。按照至少保障红庙岭园区垃圾焚烧发电厂 10 年运营期内固化飞灰填埋需求，腾出库容约 56 万立方米。

园区还有危险废物综合处置项目、厨余垃圾处理厂项目、餐厨废弃物处理及资源化利用项目、垃圾焚烧炉渣综合利用项目、垃圾渗滤液处理厂、飞灰稳定化预处理项目等，不但有垃圾处理设施，还有相应的配套设施，这些项目涵盖所有生活垃圾处理体系，确保城区生活垃圾在园区内得到全额的无害化、减量化、资源化处理。

地点三：生活垃圾焚烧协同处置项目

讲解主题：项目情况、技术流程

讲解词：我们现在到达了生活垃圾焚烧协同处置项目，该项目占地约 99.95 亩，总投资约 8.17 亿元，设计垃圾处理规模为 1200 吨/天，采用日本荏原技术炉排炉，烟气处理采用“半干法＋干法＋活性碳吸附＋布袋除尘＋SNCR＋SCR”。该项目除了正常的垃圾焚烧发电之外，还将在“协同处置”理念下处置园区其他垃圾处理设施排出的最终固体、液体废弃物等，是园区的托底工程和核心项目。接下来，请项目公司的专业技术人员为大家做更详细的讲解。

图 5—3　生活垃圾焚烧协同处置项目中控室

第四节　研讨题

以班级为单位进行讨论，在讨论中谈体会、谈感悟，巩固现场教学成果，用时20分钟。

1. 垃圾分类处理、循环利用对于建立健全绿色低碳循环发展经济体系有什么样的意义?

2. 对红庙岭循环经济生态产业园未来的发展，有哪些可行性建议?

第五节　总结提升

对教学内容进行理论概括与提升，阐述建设红庙岭循环经济生态产业园的现实意义和当代价值。

习近平总书记曾指出，“良好生态环境是最公平的公共产品，是最普惠的民生福祉”，“环境就是民生，青山就是美丽，蓝天也是幸福”[①]，垃圾分类处理、循环利用不仅是基本的民生问题，也是实现绿色低碳循环发展的题中应有之义。在中共十九届中央政治局第三十六次集体学习

① 《习近平关于社会主义生态文明建设论述摘编》，中央文献出版社2017年版，第4、37页。

时，习近平总书记再次强调："要加大垃圾资源化利用力度，大力发展循环经济，减少能源资源浪费。"[①] 红庙岭循环经济生态产业园的建成打通了福州市垃圾分类工作"最后一公里"，解决了垃圾分类中"前端分了类，后端一锅烩"的痼疾，为破解城市"垃圾围城"的难题贡献了"福州智慧"，为福州的绿色低碳循环发展提供了助力，让福州人民共享"有福之州、幸福之城"。

---

① 《习近平谈治国理政》第4卷，外文出版社2022年版，第374页。

第六章　发挥海洋资源优势 推进“海上福州”建设

——福州（连江）国家远洋渔业基地、连江县官坞海产开发有限公司现场教学

第一节　教学目的

本次教学将组织学员赴福州（连江）国家远洋渔业基地和连江县官坞海产开发有限公司两地，现场考察海洋渔业和水产养殖等产业项目的发展现状与成效，学习福州海洋经济建设的经验。同时启发学员思考建设“海上福州”战略构想的深刻内涵与重大意义，思考如何更好地发挥福州海洋资源潜力，推动海洋经济发展，打响“海上福州”国际品牌。

第二节　背景资料

福州是一座伴海而生、因海而兴、拓海而荣的港口城市，是古代海上丝绸之路的重要发祥地和重要门户。在20世纪90年代初，时任福州市委书记的习近平同志基于对世界经济发展格局和趋势的深刻洞察，提出了建设“海上福州”的发展战略构想。他指出，福州的优势在于江海，福州的出路在于江海，福州的希望在于江海，福州的发展也在于江海。

深刻把握“海上福州”建设战略构想的深刻内涵，对进一步指导福州当前及未来经济社会发展具有重要的理论意义和实践意义。

20多年来，历届市委、市政府坚持一张蓝图绘到底，积极对接国家“建设海洋强国”“拓展蓝色经济空间”的海洋战略，持续深化“海上福州”建设，福州海洋经济实力有了大幅提升，2021年福州市海洋生产总值达2850亿元，稳居全省首位，占全市GDP比重约25.22%。

第三节 教学内容和流程

教学点1：福州（连江）国家远洋渔业基地

福州（连江）国家远洋渔业基地是农业农村部同意福建省建设的全国第三个国家级远洋渔业基地。基地以高起点、高标准、高要求进行规划、建设、运营，将立足福建，服务全国，辐射东南亚，力求打造福建远洋渔业发展的标志、标杆和依托，为远洋渔业发展起到辐射、带动、示范作用。当前项目已被列为省重点项目、福州市“十四五”规划中的16项重大项目之一。

基地采用“一核心、多节点”进行空间布局，核心区位于福州连江琯头镇粗芦岛，用地面积5518亩，节点覆盖连江县、马尾区、长乐区、福清市和罗源县等区域，用地面积18906.45亩。基地建设总投资规模约230亿元，核心区建设投资约78.74亿元，主要内容包括“一港（现代化国际远洋渔业母港）、二园（远洋水产品精深加工园、海洋生物制品产业园）、三中心（国际远洋水产品交易中心、国际水产品冷链物流中心、国际远洋渔船修造中心）、四区（远洋渔业总部经济区、远洋渔业物资补给区、远洋渔业创新服务区、远洋渔业特色小镇)”，共四大区块、十大类功能片区。

基地建成后共有3000吨码头泊位2个、5000吨码头泊位3个、1万吨码头泊位4个、2万吨码头泊位2个。一期建设的3～6号码头泊位中1万吨码头泊位3个、5000吨码头泊位1个，预计一期码头建成后水产品年吞吐量达70万吨，全部建成后达170万吨。力争经过9年(2020—2028年)发展，基地年靠泊服务远洋渔业及相关船舶达600艘，远洋生产量40万吨，远洋鱼货进关量100万吨，实现基地经济年产值200亿元，其中远洋捕捞及相关服务业产值45亿元，水产品交易额和休闲渔业产值75亿元，水产品加工和船舶工业产值80亿元。远洋自捕鱼货回运、进口鱼货贸易、大型市场集散、园区精深加工、电商期货平台、冷链仓储等业态集聚，以“互联网+产业园+物流园”为运营模式，将打造一个现代化、智能化的远洋渔业综合基地。

图6—1 福州(连江)国家远洋渔业基地(在建)

教学点 2：连江县官坞海产开发有限公司

水产养殖业是海洋经济的重要组成部分，福建省连江县官坞海产开发有限公司成立于 2013 年，主要从事海带育苗、绿盘鲍育苗、单颗粒牡蛎育苗，海带海参精深加工。目前，海带育苗年可培育 15 万片，供应全国 9 个省，是农业农村部海带良种基地，2017 年被福建省海洋与渔业厅列为海带种业创新基地；绿盘鲍育苗面积 2 万平方米，育苗量 1.5 亿粒；单颗粒牡蛎育苗量，一年两季可达 2 亿粒；海带精深加工 20 多种产品，并研发出 16 道海带菜肴。

2017 年“官坞海带”被选定为金砖国家领导人厦门会晤使用产品，连江县官坞海产开发有限公司被列为金砖会晤“水产品专供基地”和“食材供应企业”。目前，“官坞海带”已成为全国各大经销商主打产品，

图 6—2　连江县官坞海产开发有限公司鲍鱼育苗基地

通过永辉经销商，进入全国13个城市永辉超市，以及夏商股份公司、厦门沃丰食品有限公司、赣州坚强实业有限公司、河南信誉楼有限公司、福州乌状元食品有限公司、甘肃吉林杜老鲜火锅连锁店、福州臻盈贸易有限公司、大丰收、海底捞等企业。

教学路线：福州市委（福州市行政学院）党校——连江县粗芦岛（国家远洋渔业基地）——连江县官坞村（官坞海产开发有限公司）——福州市委（福州市行政学院）党校。教学时长（含车程）共计5个小时。

具体行程安排如下：

时间	内容	时长
13：00	党校门口处集中点名	/
13：00—13：45	乘车前往连江县粗芦岛	45分钟
13：45—14：30	现场考察与教学：福州（连江）国家远洋渔业基地	45分钟
14：30—15：30	乘车前往筱埕镇官坞村	60分钟
15：30—16：30	现场考察与教学：连江县官坞海产开发有限公司（“福鲍一号”种苗养殖基地）	60分钟
16：30—18：00	乘车返回党校	90分钟

第四节　研讨题

1. 怎样理解“海上福州”是“经略海洋”战略思想的源头与实践起点？

2. 福州建设“海上福州”的优势基础与关键着力点有哪些?

3. 围绕“海洋资源要素市场化配置，开展涉海金融服务模式创新，打造全国海洋经济发展的重要增长极和加快建设海洋强国的重要功能平台”的示范任务，如何更好更快地推动福州海洋经济发展示范区建设?

第七章　乡村生态振兴

——永泰县梧桐镇坵演村现场教学

第一节　教学目的

为形象展现福州关心推动农村发展和乡村振兴的生动实践，永泰县认真打造习近平新时代中国特色社会主义思想学习教育实践基地——乡村振兴带实践展示点和学习参观线路。

第二节　背景资料

梧桐镇坵演村位于永泰县西北部，系永泰县革命老区村（其中芹菜湖自然村是革命老区基点村），村域总面积 28 平方公里，辖 7 个自然村，总人口 2216 人，党员 48 人。该村先后获“国家森林乡村”“省级森林村庄”“省级乡村振兴试点村”“省级乡村旅游特色村”“福州市文明村镇”等荣誉。

第三节　教学内容

教学点 1： 坵演村小坪寨（大榕树下），约 20 分钟

教学内容： 坵演村乡村振兴概况

讲解词： 各位领导，欢迎来到坵演村。近年来，坵演村获评国家森林乡村、省级森林村庄、省级乡村振兴试点村、省级乡村旅游特色村等荣誉称号。

位于我们眼前的这一棵古榕树，已有 410 年树龄，树冠直径达 39 米，为全省第一。此外，坵演村还存有清朝时期的小坪寨、抗战时期 180 多米的防空洞等红色文化，有芹菜湖、有 40 余棵三四百年的油杉群等自然景观，以及芹菜湖红色文化旅游资源。下一步，我们将在榕树观景平台周边建设特色木屋民宿、游客服务中心及生态停车场等项目，进一步推动坵演村产业发展，打造具有坵演特色的文化品牌，推动坵演村全面振兴。

各位领导，位于我们左手边的便是福建省历史建筑保护项目——小坪寨。近年来，永泰县委、县政府非常重视庄寨文化的传承保护与开发利用。经过第一轮的保护性修复，小坪寨建筑结构以及建筑外立面保留得较为完整，下一步，我们拟将小坪寨建设为永泰县非物质文化遗产展示馆，集中展示全县 38 项省市级、31 项县级非物质文化遗产，在庄寨

文化的保护过程中，进一步发挥党员的模范带头作用，以改善乡村面貌、推动坵演村发展为己任，通过设置党员先锋岗，不断提升基层党组织的凝聚力和战斗力，进一步挖掘庄寨文化内涵，更好推动历史文化保护利用。

教学点 2：福州城投（永泰）乡村好农场，约 30 分钟

教学内容：实地参观坵演村城投（永泰）乡村好农场项目，了解坵演村乡村振兴最新成就。通过实地参观，重点了解坵演村如何大力推进产业建设、生态文明建设，在保护好绿水青山、培育生态优势的同时，让生态建设成果转化为经济发展成果，实现“生态美”与“百姓富”齐头并进。

讲解词：各位领导，在我们面前，是福州城投（永泰）乡村好农场项目。项目初建于 2021 年 5 月，由福州城投乡村发展有限公司投资引入好农场——诚食（北京）农业科技有限公司（以下简称“好农场集团”），探索形成国企注资、村民参与、专业运营团队管理三方合作共建模式。通过租赁原农村零散土地，流转土地 3 万平方米，重点培育绿色有机生态农业以及全生态种养结合产业。依托好农场集团的先进管理经验，生态种植养殖产业连片打造，2021 年 6 月 30 日，农场正式开园，利用当地农业资源，培育绿色、生态有机农业，开发新蔬菜产品。同时，还注册了城投自持商标“好飨礼”，进一步通过文旅赋能，拣选乡村农特产品进行统一品牌化包装，拓宽农特产品的销售渠道和市场，将其打造为更受市场欢迎的“礼品”。在运营好农场的同时，市城投集团同时积极导入文旅、民宿等业态，以产业带动就业，鼓励村民参与到种

养、加工及旅游服务项目中来。推动一、二、三产融合发展，实现企业、村集体、农民三方共赢，成为市城投集团助力打造大樟溪沿岸乡村振兴示范带绿色生态新农业的标杆场景。2021 年 12 月 13 日，全市国资国企助力乡村振兴现场会在坵演村举行。

教学点 3：坵演村乡村振兴展示馆，约 30 分钟

教学内容 1：学习习近平总书记关于乡村振兴战略的重要讲话、重要指示批示，以及在福州工作期间关心推动农村发展的生动实践，关心百姓民生的具体实践事例。全方位了解福州、永泰坚持“3820”战略工程思想精髓，实施乡村振兴战略“产业兴旺、生态宜居、乡风文明、治理有效、生活富裕”方针的总体成效。

讲解词：为深入展现福州推动农村发展的生动实践，永泰县认真打造习近平新时代中国特色社会主义思想学习教育实践基地——乡村振兴带实践展示点和学习参观线路。

实践展示点即乡村振兴展示馆，位于梧桐镇坵演村民住宅小区 1 楼，包括率先开启“两山”理论、坚决打赢脱贫攻坚战、全面实施乡村振兴战略、加快建设现代化绿色发展先行区等板块，并设立“一镇一品”展示窗口和乡村振兴人才驿站。学习参观线路以梧桐镇坵演村为中心，向大樟溪沿线乡村振兴示范带上的“两镇十村”辐射，开发出党史教育、红色研学、红色旅游等若干条精品线路。结合现实场景、山水条件，挖掘特色亮点，展现永泰县乡村振兴在产业、生态、乡风、治理、生活等方面取得的突出成效。通过历史的印记、发展的轨迹、丰富的事例，展示福州、永泰在落实乡村振兴战略推动乡村发展的丰硕成果，以

此进一步激发乡村发展活力、增强乡村吸引力，推动新时代乡村绿色发展、创新发展。

教学内容 2：观看视频

视频内容简介：时任福州市委书记的习近平同志到坵演小坪自然村调研千亩果园、万亩林场。

教学点 4：坵演村村部

访谈内容：访谈梧桐镇坵演小坪自然村鄢仁河、温春生，重温时任福州市委书记的习近平同志到坵演小坪自然村调研的历史时刻。

第四节　教学流程

内容	地点	主持人	时间
介绍坵演村乡村振兴概况	坵演村小坪寨（大榕树下）	组织：行政班主任 介绍：项目负责人	20 分钟
实地参观坵演村城投（永泰）乡村好农场项目，了解坵演村乡村振兴最新成就	福州城投（永泰）乡村好农场	项目负责人	30 分钟
学习习近平总书记关于乡村振兴战略的重要讲话精神	坵演村乡村振兴展示馆	行政班主任	30 分钟
观看视频《时任福州市委书记习近平同志到坵演小坪自然村调研》	坵演村村部	管理人员	10 分钟
访谈坵演小坪自然村老党员、老干部	梧桐镇坵演小坪自然村	行政班主任	20 分钟

第五节　研讨交流

开设一场以“党建引领乡村振兴”为主题、引发学员思考为目标的研讨式教学。根据学员人数进行分组，每组选出一名记录员和发言人，根据事先设置的主题进行分组研讨，由发言人代表小组发言。

1. 乡村产业振兴遇到的困境。

2. 产业扶贫的方向与对策。

3. 坵演村的经验有哪些推广价值？

第六节　总结提升

根据各小组的发言情况，最后由指导老师总结提升，围绕“党建引领乡村振兴”这一主题，重点总结以下三方面内容。

1. 概括总结各小组代表的发言要点，并作简要点评。

2. 归纳汇总各小组代表的发言要点，形成研讨成果。

3. 结合参观和讲解内容，进一步总结提升，为学员提供更多维的思考空间和角度，帮助学员理解和思考乡村振兴有关问题，助力农村发展和乡村振兴的实践。

后　记

本书是中共福州市委党校（福州市行政学院）根据自主开发的以“福州生态文明建设的生动实践”为主题的系列现场教学大纲汇编而成的教材。

近年来，校（院）领导高度重视干部培训主体班的现场教学，开发了一系列现场教学课程，取得了很好的成效，获得了学员的一致好评。

本书是一部生态文明理念探索与教学实践相结合的教材专著。第一章阐述了福州生态文明建设的实践，包括谋划山水城市生态城市、筑牢生态安全屏障、垃圾分类、建设“海上福州”、重视城乡统筹发展、碳达峰碳中和的福州实践、福州市生态系统价值核算及应用等七个方面的生动实践。第二章至第七章从实践层面，聚焦福州的系列生动案例，通过现场教学方案，启发读者深刻领会生态文明建设的精髓，自觉做生态文明建设的践行者、推动者。

本书是在常务副校（院）长王小珍和副校（院）长俞慈珍亲自设计、亲自主抓、亲自审阅下完成的。刘颖娴负责各章节的梳理工作，刘颖娴、周蓉、林艳玲、林晶晶、薛寒欣、兰丰丰负责第一章的编写工作，周蓉、林艳玲、林晶晶、薛寒欣、何舜辉、欧文硕、强晓捷负责第二章至第七章各个现场教学专题的编写及插图，兰丰丰负责全书书稿的编辑工作。

感谢中共福建省委党校（福建行政学院）生态文明教研部主任胡熠教授在本书撰写的过程中提出的宝贵意见！感谢福州市生态环境局在调研过程中给予的巨大支持！感谢中共永泰县委党校对本书撰写工作给予的全力配合！感谢中共中央党校出版社支持本系列教材的出版！由于编者学识水平有限，书中不当之处，敬请指正！

编　者

2023年1月